永遠の74式戦車

日本が誇る傑作戦車

伊藤 学
元74式戦車乗員

2018年９月、宮城県・大和駐屯地創立記念行事で観閲行進する第６戦車大隊の74式戦車。第６戦車大隊最後の観閲行進、同隊の74式戦車と乗員は最後の晴れ舞台を堂々と行進した。

2023年６月、青森県・青森駐屯地で挙行された記念行事の装備品展示で注目を集めた第９戦車大隊の74式戦車。手前から白色（積雪地）迷彩、通常迷彩、都市型迷彩である。

第 6 師団検閲にて、陣地進入し射撃準備に入る第 6 戦車大隊の 74 式戦車。車体後部を草むらに隠し、低姿勢をとっている。敵から発見されにくく、自車の射撃も容易となる。

新たな配置につくため、迅速に道路上を移動する第 6 戦車大隊の 74 式戦車。脅威度が低いためか、操縦手はハッチを開けた解放操縦、戦車砲も仰角をとって固定している。

宮城県・王城寺原演習場の戦車射場で目標に砲を指向し整然と射線に進入する第6戦車大隊の74式戦車。

2023年8月に行なわれた第9戦車大隊の戦車射撃競技会で、応援の幟（のぼり）を掲げ仲間を激励する第1戦車中隊の隊員たち。

第9戦車大隊の戦車射撃競技会で弾薬交付所から運ばれてきた砲弾を積載する戦車乗員。戦闘室内には装填手がおり、砲弾を受け取って弾薬架に格納する。砲弾は多目的対戦車榴弾（HEAT-MP）だ。

射撃競技会の待機中、愛車の後部に「必中」の文字をなぞる戦車乗員。出番を目の前にして、彼の心中やいかに。

岩手駐屯地創立記念行事の訓練展示で空包を発射する第９戦車大隊の 74 式戦車。空包とはいえ、その発砲音と振動は空気と地面を震わすほどだ。

岩手山演習場の戦車射場に勢いよく進入する第９戦車大隊の74式戦車。黄土色の砂塵を巻き上げ、砂漠戦を彷彿とさせる場面だ。

岩手駐屯地創立記念行事の訓練展示で射撃態勢をとりながら敵部隊に迫る74式戦車。実戦であれば即座に射撃できる態勢だ。

はじめに

今でも大切に保管している1枚の写真。

第9戦車大隊の74式戦車の装填手用ハッチから上体を出し、満悦の笑顔を浮かべる少年。

小学6年生の私だ。

もちろんこの時、この8年後に今度は第9戦車大隊の戦車乗員としてこの席に着くことになろうとは想像もしなかった。

自衛隊生徒として陸上自衛隊少年工科学校（現・陸上自衛隊高等工科学校）に入校し、卒業後は機甲科職種に進んで富士学校機甲科部が実施する機甲生徒課程（TSC：Tank Student Course）に入校した。当時、90式戦車は第7師団の第71戦車連隊に配備完了、第72戦車連隊に配備が始まった時期で、74式戦車はまだ第71戦車連隊を除く全国の戦車部隊で主力戦車として活躍していた。

機甲生徒課程では74式戦車と90式戦車、2車種の操縦・射撃・整備教育を受けたが、教育内容の配

74式戦車と筆者。青森駐屯地で第9師団創立記念行事終了後に撮影したもの。式典のパレードには操縦手として参加した。戦車はトレーラー積載に備えて砲塔を後方に向けている。円内写真は74式戦車のハッチから身を乗り出す小学生時代の筆者。

分としては74式戦車の教育訓練のほうに比較的多く時間を配当されていた。陸上自衛隊の機甲科職種はまだまだ74式戦車の乗員を必要としていたのである。

機甲生徒課程修了後、生徒後期教育で部隊実習先となった部隊は岩手県滝沢市の岩手駐屯地に所在する第9戦車大隊。後期教育修了後はそのまま同大隊に正式配属となった。

第9戦車大隊の装備する戦車は74式戦車。岩手出身の私が生まれ育った地で任務に就ける。第9戦車大隊はまさに私にとって郷土部隊だった。希望が叶って配属が決定した時は喜びを感じつつも身が引き締まる思いであった。

部隊配属後の日々は常に74式戦車とと

もにあったといっても過言ではない。第9戦車大隊在籍中は74式戦車乗員であり続けたからだ。

各種訓練や整備、時には演習……。汗と埃と油にまみれながら奮闘した日々。

0・1秒でも速く砲弾を装塡するにはどうしたらいいか常に考え、機敏な装塡動作を追求した。泥濘地、積雪地、夜間、長距離行進。困難な状況を走破した時は操縦手として自信につながった。

戦車射撃は初弾必中。1発で敵を仕留めなければこちらがやられる。射撃技術を向上させるために教範や資料を頭に叩き込み、時には先輩に教えを乞いながら「一射入魂」の精神で砲弾を撃った。

装塡、操縦、射撃、単車指揮。もっと上手くなりたいという向上心、誰にも負けたくないという意気込みが戦車乗員を成長させる。

厳しくも充実した日々。私は74式戦車の乗員であったことを誇りに思っている。

この本は私が知る74式戦車のすべてを、自分の愛車を自慢するような気持ちで綴った。

読者の皆様には陸上自衛隊の歴史に残る傑作戦車、74式戦車の実像と、その乗員たちの息づかいを感じていただけたら執筆者として望外の喜びである。

目次

第9章　ナナヨン乗りの声を聞け！　156

資料編 栄光の74式戦車部隊史 227

注記：インタビューした隊員の階級、所属は取材時（２０２２年）のものです。装備の呼称について、陸上自衛隊では「ドーザ」「ローラ」「レーザ」と呼んでいますが、本書ではわかりやすいよう「ドーザー」「ローラー」「レーザー」と表記しました。

第1章　74式戦車の開発

戦後二代目の国産戦車「74式戦車」

74式戦車は戦後初の国産戦車である61式戦車に続く二代目の国産戦車である。

１９７４年に制式化され、この本を上梓した２０２３年時点も現役であり、第9師団（第9戦車大隊）、第10師団（第10戦車大隊）、第13旅団（第13戦車中隊）において師団または旅団の虎の子として配備されている。また、機甲教導連隊においても少数が運用中だ。

半世紀近くも各師団、旅団の機動打撃の中核として活躍したが、現在は後輩となる90式戦車と10式戦車、そして新装備の16式機動戦闘車にその座を譲りつつある。だが先輩格の61式戦車同様、最後の1両がその役目を終えるまで、74式戦車は陸上自衛隊の機甲戦力の一翼を担い、日本の国土防衛任務に就くのだ。

筆者にとっては初めて自らの手で操った「エンジンのついた車両」が74式戦車であり、各種砲弾・銃弾の装塡をはじめ、さまざまな地形・夜間・水中での操縦、戦車砲・車載機関銃・重機関銃の射撃、単車指揮、砲塔・砲、車体の整備を叩き込まれた。74式戦車とともに訓練に励み、汗を流した身としては、やはりほかの戦車や戦闘車両に比べても特別の愛着がある。

「74式戦車はどのような戦車か?」

この問いには自信をもってこう答えよう。

「日本の国土における戦闘でその能力を最大発揮できる傑作戦車」だと。

異論もあるだろう。しかし、74式戦車のすべてを知り、装塡手、操縦手、砲手、車長と各乗員配置を経験し、この戦車を操った者として胸を張ってそう言える。

確かに、昭和時代に開発された戦車を平成時代に操ってみると、その戦闘能力、操作性、整備性の前時代的な部分には手を焼くこともあったが、それは乗員の知識と技術、そして経験で対応できるものであり、見方を変えれば、手がかかるだけ乗員の知識や経験がさらに積まれ、練度向上につながる。そしてその高い練度は戦車の機動、射撃といった動きに直結する。つまり74式戦車は乗員を育て、その練度次第で現在も十分に戦力となる戦車なのだ。

しっかりと整備を行ない、正しい操作をすれば素直にそれに応えてくれる。そして各乗員は74式戦車に乗るたびに自身の練度を確認できる。装塡技術、操縦技術、射撃技術、乗員指揮。それぞれの配置で自らの練度を見定め、さらなる向上を目指す。74式戦車ほど乗員のやりがいを引き出す戦車はないのではと思う。

なぜ74式戦車が開発されたのか?

74式戦車は61式戦車の完成直後、1963年から開発が始まったが、技術研究本部(現・防衛装備庁陸上装備研究所)は1950年代にはすでに基礎研究に取りかかっていた。ずいぶん早く開発に着手するものだと思われるかもしれないが、往々にして兵器は完成直後、もしくはその前から後継装備品の計画・研究・開発を始めることがほとんどであり、74式戦車も例外ではない。

戦車の技術・性能向上は日進月歩である。実際のところ、先代の61式戦車の開発途上の時点でソ連は100ミリ戦車砲を装備したT-54/55戦車を実用化しており、さらに61式戦車の完成と同時期に115ミリ戦車砲を装備したT-62戦車を実用化している。

61式戦車は早い時期からすでに諸外国、特に脅威とされていたソ連が運用する戦車から性能的な面で大きくリードされていた。さらにアメリカ、イギリス、ドイツ、フランスといった欧米各国の戦車も口径100ミリ超の戦車砲を装備し、さらに射撃統制装置をはじめ射撃関係装備の電子化なども進み、諸外国の戦車と比べて61式戦車の能力不足は配備直後から顕著になっていた。

そのため、能力向上策として投光器の装備による夜間射撃能力の付与、発煙弾発射筒の装備が実施され、さらには105ミリ戦車砲への換装案も出されたが、これらの改修のみでは諸外国の戦車と同等の性能を実現するには至らず、61式戦車は次期主力戦車となる後継車にその座を譲ることになり、その後継車は開発中に「STB」の略号が与えられ、のちに「74式戦車」となる。

STBの開発着手、各種試験を経て制式化へ

STBの実質的な開発は諸外国の第二世代戦車から遅れたが、その分、STBの性能、装備などについては諸外国の主力戦車との比較検討が十分に行なわれ、それらと同等、もしくはそれらを超える最新技術をふんだんに盛り込み、並みいるライバルたちを凌駕する戦車の構想がまとまった。

それは主として、

- 105ミリ戦車砲装備
- 油気圧懸架装置の採用
- 先進的射撃統制装置および砲駆動装置（レーザー測遠機、電子式弾道計算機、砲安定装置、射撃用暗視装置）の採用
- 良好な避弾経始(ひだんけいし)を考慮した砲塔形状
- 潜水渡渉能力の付与

などが挙げられる。

試作車 STB。各種装備の種類や配置は量産型と異なるが、砲塔の形状や車体は量産型と酷似しており、この時点で74式戦車の大まかなデザインはほぼ決まっていた。

ＳＴＢ開発は各部分の個別開発・試験を経て、第一次試作、第二次試作の流れで進んだ。

１９６８年3月にはモックアップ（実物大模型）が完成。モックアップの審査結果が第一次試作車に反映された。

また、モックアップと同時並行で実験車両「ＳＴＴ」が製作された。こちらは１９６６年に完成し、車体部、特に油気圧懸架装置の試験に使用され、その後74式戦車のエンジンとなる10ＺＦディーゼルエンジンと変速操向装置を搭載、さらに１０５ミリ戦車砲も搭載され、射撃時の油気圧懸架装置の耐衝撃性の確認が行なわれた。

１９６９年、第一次試作車ＳＴＢ-1、ＳＴＢ-2が完成。外見や装備に多少の違いはあるものの、試作車と量産型の形状はかなり近いもので、74式戦車はこの時点でほぼ完成の域に達していたと言ってもよいだろう。

余談ながら、ＳＴＢ‐１は１９７０年11月に当時神宮外苑で挙行されていた自衛隊中央観閲式に参加した。詰めかけた観客の前で堂々と行進、「日本の新世代戦車」の姿を披露し、進化した流麗な車体形状は見る者に強い印象を与えた。

続いて１９７１年から１９７３年の間に第二次試作車ＳＴＢ‐３〜６の計４両が製作され、技術試験、実用試験が実施された。第２次試作車はコスト低減、各種装備の簡略化を考慮して製作されていた。

変更点としては、砲塔上の12・７ミリ重機関銃をリモートコントロールの遠隔操作式から通常の手動操作・射撃式に変更。戦闘室内の補助装填装置を廃止し装填手による完全手動装填、１０５ミリ戦車砲の閉鎖機を水平鎖栓式から垂直鎖栓式に変更。照準潜望鏡と戦車砲の連動機構を電気式から機械式に変更などである。第２次試作車は内部・外部ともに、より量産型に近い仕様、形状となった。

そして各種実用試験の結果が要求を満たし、ついに１９７４年9月に仮制式として採用が決定した。74式戦車のデビューである。

強力な１０５ミリ戦車砲を装備

74式戦車は先代の61式戦車と比較してどれほど性能が向上したのだろうか。

74式戦車が装備する105ミリ戦車砲。ロイヤル・オードナンス社が開発した「L7」を日本製鋼所がライセンス生産した戦車砲である。L7は世界各国でも戦車砲として採用され、現在も多数が使用されている傑作戦車砲だ。

まず主力武器の戦車砲は、61式戦車は国産の90ミリ施線砲（ライフル砲）だったが、74式戦車はイギリスのロイヤル・オードナンスが開発した「西側標準戦車砲」とも称されるL7／105ミリ施線砲をライセンス生産して装備した。これに陸自戦車初の射撃統制装置（FCS）を併せて装備することにより飛躍的に射撃精度が向上している。

レーザー測遠機・弾道計算機の装備

レーザー測遠機、弾道計算機は74式戦車の正確な射撃を支える重要な装置であり、ほかの機材とともに射撃統制装置（FCS）を構成している。61式戦車の光像合致式測遠機による測距は乗員の技量を必要としたが、74式戦車のレーザー測遠機は目標にレーザーを照射するだけで弾道計算機に目標までの正確な距離を表示する。

弾道計算機はレーザー測遠機の測距距離に応じて砲手用・車長用照準潜望鏡内のレティクルを移動させ、105ミリ戦車砲に射距離に応じた角度を与える。これにより、砲手および車長はレーザー測距後、照準潜望鏡内のレティクルを目標に合わせ撃発するだけで正確に射撃できる。

砲安定装置の採用

61式戦車は戦車砲を安定化する機構を持たなかったが、74式戦車はジャイロ式の砲安定装置を装備している。ただし、この装置については90式戦車や10式戦車のような高度な砲安定・目標追尾能力はなく、あくまで戦車砲自体を安定させることで正確な射撃に寄与するものである。デジタルカメラの手ブレ防止機能のようなものと考えてもらえばいいだろう。

暗視装置による夜間戦闘能力向上

61式戦車は運用後期に一部の車両に投光器が装備され、夜間戦闘能力が付与されたが、74式戦車は当初から投光器や直接照準眼鏡に暗視受動部を装備し、夜間射撃が可能になっている。

姿勢制御機構の採用

見方によっては74式戦車の最強の「武器」ともいえるのが姿勢制御機構だ。74式戦車以降の国産戦車にも採用され、日本戦車の必須装備となった。

これによりさまざまな地形上で車体を水平に調整し、より正確な射撃が可能になる。また、姿勢制御で高姿勢にすることで泥濘地や積雪地を容易に走破できる利点もある。

新型変速操向機による操縦性向上

61式戦車の変速装置は機械式のマニュアルトランスミッションであり、スムーズな変速には熟練を要した。61式戦車といえば、まず語られるのは変速の難しさといってもいい。

74式戦車は変速装置と操向装置を一体化させたMT-75T型遊星歯車列パワーシフトの変速操向機を採用した。クラッチ、変速、操向、制動の機能を有する。

これにより、クラッチ操作は発進、停止の際だけで、増減速は変速レバーの操作のみで可能となり、操縦が容易になった。また、超信地旋回が可能になり、迅速な方向変換や機動力の向上に寄与している。

74式戦車
乗員：４人
全備重量：約38t
全長：9.41m
全幅：3.18m
全高：2.25m
最高速度：53km/h
行動距離：約300km

エンジン：空冷2サイクル10気筒ディーゼル機関
武装：105mm戦車砲×1、12.7m重機関銃×1、74式車載7.62m機関銃×1
製作：三菱重工業（砲塔・車体）、日本製鋼所（105mm砲）

74式戦車は油気圧サスペンションにより車体を前後左右に姿勢を変化させることができる。車体前方から見た74式戦車の姿勢制御の様子。上段は前上げ、下段右が左下げ、下段左が右下げ。

車体右側から見た 74 式戦車の姿勢制御の様子。上段から高姿勢、前上げ、前下げ、低姿勢。

潜水渡渉能力の付与

61式戦車も河川などを渡渉可能であるが、渡渉可能な水深は約1メートルであり、「渡渉能力」というよりは「車内に浸水しない程度の水深なら渡渉可能」といったところであろう。74式戦車には当初から潜水補助具（吸気用シュノーケル、排気用ダクト、各種開口部用蓋など）が準備されており、潜水渡渉可能な水深は61式戦車の倍、約2メートルである。

装甲防護力

74式戦車の砲塔は戦後第2世代戦車の特徴ともいえる避弾経始を考慮した形状で、丸みを帯びた亀の甲羅状であり、砲塔前面および側面には傾斜がつけられている。また、車体部前面にも同様に傾斜がつけられており、61式戦車の車体部前面よりも傾斜角度が小さい。

74式戦車は標準姿勢時でも61式戦車より車高が低く（74式戦車の車高は標準姿勢で砲塔上面まで2・25メートル、61式戦車は砲塔上面まで2・49メートル）、暴露面積の減少、低視認性に優れている。

第2章 74式戦車のメカニズム

74式戦車の性能は61式戦車から飛躍的に向上している。ここでは74式戦車の砲塔部、車体部のメカニズム、構造機能を詳細に説明する。

砲塔部の構造

105ミリ戦車砲

74式戦車の主力武器である105ミリ戦車砲はイギリスのロイヤル・オードナンスが開発したL7 51口径105ミリ施線砲（ライフル砲）を日本製鋼所がライセンス生産した戦車砲である。L7は74式戦車と同世代の戦車であるアメリカのM48、M60、ドイツのレオパルトI、イギリスのセンチュリオン、イスラエルのメルカバなどの戦車砲としても採用され、高い信頼性と射撃性能を誇る。

L7は砲身以外の各装置を採用国の必要に応じてアレンジできるようになっており、74式戦車が装備している砲は閉鎖器、駐退複座装置、砲架が日本独自開発のものとなっている。

砲身には排煙器が装備され、砲弾発射後に発生するガスが戦闘室内に逆流、充満するのを抑制する。それでも、実際は砲弾発射後に閉鎖機が自動開放すると多少の硝煙が戦闘室内に流れ出すのが常であった。

74式戦車D型からは砲身に被筒（サーマルジャケット）が装備された。これは日光の照射や連続射撃により砲身が熱を持って垂れ下がったり、逆に雨などで冷却されると反り返り（これをベントという）、射撃精度が低下するため、砲身への温度の影響を小さくして射撃精度を維持させる効果がある。

被筒は6個に分割され、被筒のほかに第2被筒と第3被筒の間に取り付けるスペーサーと防盾に取り付ける日除けカバーで構成される。

被筒が変形したり、打痕を付けたりすると効果がなくなるとされ、その取り扱いには注意を要した。各被筒には固定用のボルトが多数付いているため、整備などで取り外しや装着を行なう際は非常に手間がかかった。自前で電動ドライバーなどを準備して作業する隊員もよく見られた。

砲弾は当初、曳光粘着榴弾（HEP-T）と装弾筒付曳光高速徹甲弾（HVAPDS-T）の2弾

74式戦車の主装備である105ミリ戦車砲。現用の戦車砲は120ミリクラスが主流だが、105ミリクラスの戦車砲もいまだ多くが使用されている。高威力の砲弾と併用すればまだ十分な威力を持つ砲である。

種のみであったが、のちに多目的曳光対戦車榴弾（HEAT-MP-T）と装弾筒付翼安定徹甲弾（APFSDS-T）が導入され、他国の同世代戦車に引けをとらない打撃力を持つことになった。

特に装弾筒付翼安定徹甲弾は当初、アメリカが開発したM735を使用していたが、のちにより強力な貫徹能力を持つ国産の93式装弾筒付翼安定徹甲弾が開発された。

また、演習弾（TP）も開発され、それまでAPDSやAPFSDSといった徹甲弾の射撃は、全国でも数か所しかない「徹甲弾ドーム」と呼ばれるトンネル状の跳弾防止施設、その中の標的に射撃しなければならず、戦車の他演習場への輸送や標的設

74式車載7.62ミリ機関銃。陸上自衛隊では戦車をはじめ、各種装甲戦闘車輌の車載機関銃として装備しており、海上自衛隊では哨戒ヘリコプターのドアガンとして使用している。

置、徹甲弾ドーム内の射撃後整備など、射撃実施部隊に多大な負担がかかっていたが、飛翔の途中で侵徹体が分割、落下するTPは跳弾の心配がなく、どこの射場においてもAPFSDSと同様の射撃が実施可能であり、戦車射撃訓練における訓練効果は飛躍的に向上した。現在もAPFSDSをシミュレートできる画期的な訓練用砲弾として多用されている。

74式車載7・62ミリ機関銃

74式車載7・62ミリ機関銃は105ミリ戦車砲の左側に機関銃托架を介して装備される、いわゆる「同軸機銃」であるが、陸上自衛隊では同軸機銃という呼称はせず、隊員は「連装銃」「車載」「MG（エムジー）」と呼んでいる。この機関銃は普通科部隊などに配備された62式7・62ミリ機関銃を基に車載用として開発された。部品数が多いうえに細かく、戦闘状況下での故障探求や整備に不安を感じたものの、射撃訓練や演習で射撃を行なう際は作動部に十分に注油するなど、確実な手入れと操作を行なえばほぼ問題なく作動する良好な機関銃であった。

同機関銃には車外戦闘（下車戦闘）用の三脚架が用意されており、戦闘時は専用の携行袋に収納し砲塔左側面の架台に積載する。

12・7ミリ重機関銃M2

74式戦車が装備する火器で唯一、空中目標に対処できる武器である。また、敵人員や軽装甲目標に対しても有効だ。

砲塔上面ほぼ中央、車長用ハッチと装塡手用ハッチの間に専用の銃架（じゅうが）があり、ここに装着して使用する。銃架基部に方向ロックハンドルがあり、これをゆるめると旋回が可能になる。また、俯仰（ふぎょう）は高低ロックピンが銃架上部にあり、水平と仰角60度で固定できる。ピンを抜けば自由に俯仰操作ができる。

12・7ミリ重機関銃M2は射撃前に頭部間隙（ヘッドスペース）規正とタイミング（撃発時期）調整を行わねばならず、これを怠ったり、規正・調整が上手くいかないとスムーズな連射ができなかったり、故障や不発射の原因にもなる。現在はQCB（Quick Change Barrel）改修が進んで銃身もQCBタイプのものに更新され、これらの調整の必要がなくなり、銃身を装着して即座に射撃が可能に

12.7ミリ重機関銃M2。西側の機関銃を代表する傑作重機関銃であり、諸外国でも戦闘車輌に装備例が多い。対空・対地に威力を発揮する。

なった。QCBタイプの銃身には大型のハンドルが付いているので判別は容易である。未改修の銃身にはハンドルが付いてないが、一部には金属製の簡易携行ハンドルが付いているものもある。

諸外国の戦車にも広く装備されているM2だが、銃の配置はほとんどの戦車が車長用ハッチ前方であり、車長が状況に応じて射撃できるようになっている。ところが、74式戦車では銃が車長用ハッチと装填手用ハッチの間にあるため、たとえば正面への射撃の際は車長、装填手どちらが射撃する場合でも正しい射撃姿勢をとることができない。砲塔上に上がって射撃するにしても射手の全身を暴露することになり、安全に射撃できない。銃架の位置については非常に疑問である。

第2次試作車のSTB-3〜6のうち、STB-3〜5では銃架が車長用ハッチ前方に配置され、車長による正面への射撃が容易と思われたが、その後の車両は銃架が車長用ハッチと装填手用ハッチの間に配置された。これは後継の90式戦車も同様で、10式戦車では車長用ハッチを囲むように全周旋回式の銃架となり、ようやく車長が重機関銃を無理のない姿勢で操作できるようになった。74式戦車による重機関銃射撃訓練では砲塔を右へ30〜40度ほど旋回させた状態で車長用ハッチから正面の標的へ射撃した。

12・7ミリ重機関銃M2の射撃は三脚を装着した状態で地上で射撃すると射弾も安定し、よく当たるといわれていたが、戦車の砲塔上からの射撃は別で、射手は体をハッチ付近に預託（よたく）し、脇をしっかり締めて射撃する。それでも弾道が安定せず、練度の低い射手が初弾から標的に命中させるのは難しかった。

地上目標でさえこうなのだから、対空射撃ともなれば相当な訓練を積んだ練度の高い射手でなければ目標に有効弾を送るのは難しいだろう。

74式60ミリ発煙弾発射筒

発煙弾発射筒は砲塔両側面やや後方に装備されている。片側に発射筒が3本ずつ基部を介して砲塔側面に装着され、広範囲に発煙弾を発射するため、発射筒の設置角度が1本ずつ異なっている。

60ミリ発煙弾は迫撃砲弾に似た外観で、尾部に安定翼が装着されている。装填は安全管理上、発射

74 式 60 ミリ発煙弾発射筒。戦車の前方に煙幕を展開する。陸上自衛隊では戦車のほか、各種装甲戦闘車輌に発煙弾発射筒を装備している。現代戦では必須の装備である。

筒3本のうち、いちばん下の発射筒から順に装填を行なう。

砲塔の装甲

砲塔形状は避弾経始(ひだんけいし)を考慮されており、砲塔前面、砲塔側面には傾斜がつけられている。この避弾経始は装甲に角度をつけて砲弾を滑らせ、跳ね返す（跳弾）効果と装甲が傾斜することで侵徹量が実際の装甲厚より増加し、耐弾性の向上を期待したものである。

また、砲塔装甲の材質は防弾鋳鋼である。他国の第二世代戦車の多くがのちに増加装甲や爆発反応装甲を追加装備して装甲防護力を向上させているのに対し、74式戦車は本格的な近代化改修を施された74式戦車改（G型）でも効果的な装甲防護力向上策はとられなかった。

射撃統制装置

74式戦車の射撃統制装置は主に直接照準眼鏡（J1）、砲手用照準潜望鏡（J2）、車長用照準潜望鏡（J3）、方向角指示器、レーザー測遠機、弾道計算機などで構成されている。乗員は射撃統制装置を略して「射統（しゃとう）」や「FCS（エフシーエス）」と呼んでいた。

J1直接照準眼鏡は105ミリ戦車砲と同軸で設けられた単眼直視式の望遠鏡である。暗視受動部が内蔵されており、状況に応じて昼夜切り替えレバーを操作する。防盾右側開口部がJ1視察用開口部となっている。開口部はキャップとアダプターで蓋をできるようになっており、昼間はキャップのみ外し、夜間射撃時はアダプターを外す。

J2砲手用照準潜望鏡は砲手用の照準装置であり、射撃時の照準やレーザー照準、外部視察に使用する。照準用の望遠鏡部と外部視察用の視察部がある。105ミリ戦車砲と機械的に連動しており、砲とともに俯仰する。

J3車長用照準潜望鏡もJ2と同じく砲と機械的に連動し、射撃照準やレーザー照準、外部視察に使用する。J3もJ2同様、照準用の望遠鏡部と外部視察用の視察部がある。J3下部にはレーザー測遠機送受信部が取り付けられている。

方向角指示器は砲手席右側前部に設置されている。方向角の測定や間接照準射撃の際の方向付与に使用する。夜間も明瞭に確認できるよう、照明が内蔵されている。

レーザー測遠機はＪ３車長用照準潜望鏡の下部に本体が取り付けられている。Ｊ２、Ｊ３のレティクルで目標を照準、レーザーを発射すると即座に目標までの距離を算出し、弾道計算機の距離表示部に射距離数値を表示する。同時に、射距離に応じてＪ２、Ｊ３の照準レティクルが移動し、戦車砲が必要な角度を取る。

弾道計算機はアナログ式の計算機で、レーザー測距で測定した目標までの距離を算出し、表示部に距離を表示、Ｊ２、Ｊ３の照準レティクルを命中に最適な位置に移動、表示し、戦車砲に必要な角度をとらせる。

また、本体には射撃諸元を入力するダイヤルやスイッチ類が付いており、手動で諸元を入力することもできる。手動で入力できる諸元は射距離、弾種、砲腔摩耗、装薬温度、砲耳傾斜（砲身の左右の傾き）などがある。弾道計算機はまさに74式戦車の頭脳である。

視察装置

外部の様子を確認するための視察装置は車長用ハッチの下部に後ろ向きの半円形に配置され、また、装填手席前方に手動全周回転式の視察部があり、ＪＭ６潜望鏡を装着して外部の視察が可能であ

74式戦車の外見的な特徴のひとつでもある照準暗視装置投光器。フィルターを開閉することで、可視光投光と赤外線投光、どちらも行なえる。

る。

投光器（照準暗視装置投光器）

防盾左側に架台を介して装備される。内部には可動式の赤外線フィルターが装着されており、フィルター開で白色投光（可視光）、フィルター閉で赤外線投光となる。操作は砲手席のスイッチボックスで行なう。投光器上面左後方にはボアサイト（照準規整）用の小型の眼鏡（スコープ）が装備されている。架台は可動式で、ボアサイトの際は高低ロックボルト・方向ロックボルトをゆるめることにより上下左右の光軸調整が可能。

白色投光の光は非常に強く、投光中の投光器の目視は厳禁と指導された。夏に夜間射撃で白色投光を行なうと虫がたくさん寄ってくる。余

無線用アンテナ
12.7ミリ重機関銃M2
74式60ミリ発煙弾発射筒
洗桿棒収納部
袖部収納部
105ミリ戦車砲
照準暗視装置投光器
灯火装置
サイレン
操縦席
管制運転灯
予備覆帯
牽引用フック

増加バスケット
砲塔後部
バスケット
95-1676
9戦-2
補助燃料タンク
車上電話機
砲身止め
車体部後部
の灯火装置
95-1676
9戦-2

談ながら、艦艇に装備されている探照灯の光はこれよりもずっと強いそうだ。

投光器本体はかなりの重量であり、架台への搭載・卸下は通常、クレーンなどを使うべきだろう。しかし、整備工場内ならともかく、中隊のパーク（駐車場）ではそのようなものもなく、実際の搭載は隊員が5～6人ほどで左フェンダー上に持ち上げ、さらにフェンダー上から架台に搭載するという要領で行なった。卸下はおおむねその逆である。

砲俯仰、砲塔旋回機構

砲俯仰、砲塔旋回の方式には電動モーターによる動力俯仰・旋回と手動俯仰・旋回がある。通常は動力俯仰・旋回で戦車砲や砲塔を動かすが、ボアサイト（野外照準規整）や精密な操作が必要な場合は動力をオフにして手動で行なう。戦闘時、何らかの原因で動力俯仰・旋回が不可能になった場合も手動に切り替える。

動力俯仰・旋回は砲手用照準機ハンドルと車長用照準機ハンドルで行なう。砲手用照準機ハンドルは両手で握って操作するタイプで、レーザー照準スイッチ、レーザー発射スイッチ、撃発スイッチ、撃発安全ボタンが付いている。ハンドル基部には射撃関係の各種スイッチとランプなどが並んでいる。また、車長用照準機ハンドルは片手で握るタイプで、撃発スイッチと優先機構（オーバーライド）スイッチが付いている。

操作は砲手が行なうことが多いが、車長が操作する場合は優先機構スイッチを押しながら操作することで砲手用照準機ハンドルに優先（オーバーライド）して操作できる。オーバーライドスイッチはハンドル前方に付いているので、ハンドルを深く握ることでオーバーライドが作動する。

動力俯仰・旋回の際はハンドルが操作入力に敏感に反応するため、急な操作は控え、作動開始時と終了時はハンドルをゆるめると両動作がスムーズになる。

手動俯仰・旋回は砲手席の手動ハンドルでのみ操作可能である。手動俯仰ハンドルは砲手席左側、手動旋回ハンドルは砲手席右側にあり、どちらもハンドルと逆転防止解除レバーを一緒に握り、回転させて戦車砲の俯仰、砲塔旋回を行なう。

戦車砲の角度は砲手席左の砲架に目盛りがあり、それでおおよその角度を確認できる。砲塔の向きは方向角指示器や照準潜望鏡の視界で判断するほか、戦闘室下部（砲塔バスケット）の隙間から車体部内部の様子を見て判断もできる。

砲安定装置

105ミリ戦車砲にはジャイロを使用した砲安定装置が装備されており、時速20キロメートル以下での行進間射撃で最も効果を発揮する。デジタルカメラの手ブレ防止機能と同様の機能、効果がある。

無線機および車内通話

無線機は車長席後方に架台を介して搭載される。そのため、周波数設定・変更などの操作も基本的に車長が行なうが、車長が手を離せない場合など、状況によっては装填手が操作する場合もある。また、使用周波数を装填手が確認して車長が乗車する前に周波数を設定しておくこともあった。周波数のことを隊員はよく「波(なみ)」と呼んだ。

筆者が部隊にいた頃は85式野外無線機が主流だったが、操作性に関してはあまりよい印象はなかった。その後、新野外無線機が配備され、74式戦車にも搭載されている。さらに現在では広帯域多目的無線機（コータム）が配備され、こちらも74式戦車へ搭載されており、これにより限定的ながらデータリンク能力を付与されたことになる。

無線機のアンテナは取り外しが可能で、戦車の運行を終了する際は取り外して戦闘室内に保管し、運行する際は行動前準備でまず最初にアンテナをマストベース（アンテナ基部）に取り付けるのが常であった。

アンテナの設置、格納は基本的に装填手が行なった。マストベースマウント（アンテナ基部本体）は手動で垂直、あるいは後方約45度に固定が可能で、稜線射撃時や位置の秘匿が必要な場合はマストベースマウントを前方に大きく回し、アンテナを倒すことも可能である。

74式戦車の乗員は4人全員がヘッドセットと胸掛け開閉器（ＪＨ－Ｆ２）を装着する。ヘッドセッ

無線機用アンテナの基部、マストベースマウント。マウントを押し込むと前後に回転し、状況によって適度な角度で固定できる。

トは耳を完全に包むヘッドフォンと送話用のリップマイクからなり、左右のヘッドフォンは伸縮式のバーで接続されている。バー中央には接続用金具が付いており、これを戦車帽の後部にあるフックに引っかけ、バーの伸縮スイッチを押しながらヘッドセットを側頭部に密着させる。

ヘッドセットのコードは胸掛け開閉器上部の接続部に接続する。胸掛け開閉器の底部にも接続部があり、延長コードを接続してコードのもう一方を各乗員席に設置されている制御器に接続する。これで車内通話が可能になる。

接続部は濡らすと通話時に雑音が入ったり、感電することがあるので、雨天の訓練や演習ではビニールテープを巻いたり、自作のキャップを用意してかぶせたりした。延長コードは接続

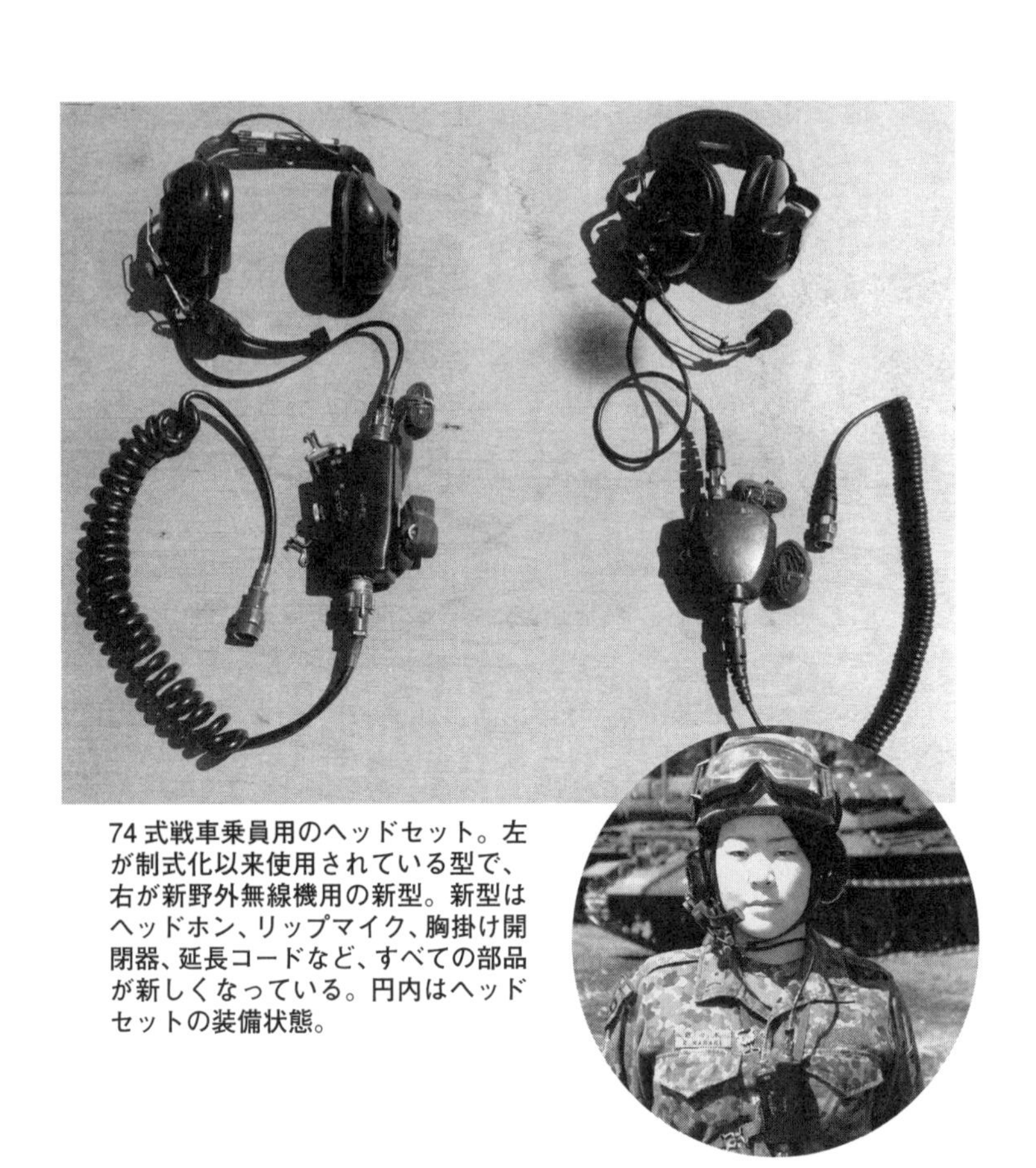

74式戦車乗員用のヘッドセット。左が制式化以来使用されている型で、右が新野外無線機用の新型。新型はヘッドホン、リップマイク、胸掛け開閉器、延長コードなど、すべての部品が新しくなっている。円内はヘッドセットの装備状態。

したままでは動作の支障になるので、装填手につく際はコードを体に一周巻き付けた。こうするとコードが垂れ下がることなく、砲弾の装填もしやすくなった。

胸掛け開閉器にはスイッチが上部と側面に一つずつあり、上部は無線送信、側面は車内通話用で、送話する際はスイッチを押しながら話す。車内通話用スイッチは軽く押しながら回転させると固定でき、これで常時通話（ホットマイク）状態になる。

筆者が装塡手の時は射撃時などは両手を使うため、通話のたびに胸掛け開閉器に手を伸ばしていると迅速な装塡動作に支障があるので、この常時通話をよく使用した。また、映画やアニメなどでリップマイクに片手を添える動作をよく目にするが、自衛隊ではこれをやらないよう指導される。この動作で片手がふさがり、動作の支障になるためである。リップマイクは集音性が高いので、マイクに手を添えなくとも十分に声を拾った。

制御器にはスイッチがついており、周波数変更ができる。戦闘時は状況に応じて車長以外の乗員も小隊内の戦車などと通信が可能である。

新野外無線機が装備されると同時にヘッドセットと胸掛け開閉器も新型のものが開発、配備されたが、戦闘車両の乗員用ヘルメットは装甲車帽が主流となっており、どれほど配備されたかは不明である。

砲塔内各種装備

砲塔内（戦闘室）の空きスペースには各種装置や装備が設置されている。乗員の個人携行火器は車長が9ミリ拳銃、砲手と操縦手が11・4ミリ短機関銃、装塡手が64式小銃であり、操縦手と装塡手は席に銃架があり、砲手の短機関銃は装塡手席後方、車長の拳銃はホルスターに常時収納であった。

個人携行火器は更新が進むと車長以外の乗員は全員89式小銃（折り曲げ銃床型）を装備した。ほかにも12・7ミリ重機関銃、車載7・62ミリ機関銃の予備弾薬保管スペースや手榴弾収納箱、救護箱などがある。

また、その他の空きスペースを上手く利用してゴムバンドをネット状に張り、防護マスクや装具の格納スペースにしたりとさまざまな工夫をこらして居住性や利便性の向上に努めた。

乗員用座席

車長用座席は円形で、取り外しが可能。しかし、取り付けて座ってみると位置的にあまり具合がよくなく、使用している車長を見たことがない。車長席の下部後方、バスル（砲塔後部の張り出し部）底部は砲塔の形状がちょうど平たくなる位置であり、基本的に車長はここに腰掛けていた。座布団や小型のマットを持ち込む車長もいた。座席は外して空きスペースに置かれていることがほとんどであった。

砲手用座席は取り外し式の背当てが付いており、前後と高低の調整が可能になっている。砲手席が非常に狭いため、席に着く時と席から出る時は背当てを必ず外さねばならない。

装填手用座席は「座席」というより「腰掛け」と呼んだ方がよいものであった。跳ね上げ式で、スポンジ入りの革製クッションが付いていたが、装填手の乗下車の際の足掛けにもなるので、ほとんどの車両ではクッションが破れ、ベースの鉄板がむき出しになっていた。

増加バスケット。乗員の背のうや寝具などを積載する。砂塵や雨の影響を受けないよう、OD色のビニールシートを二重にかけて積載物を包んだ。増加バスケットは各部隊で自作するため、部隊ごとに形状が異なる。

後部バスケット

砲塔後部にはバスケット（物入れ）が装着されているが、74式戦車のバスケットは小さく、ほとんど役に立たないものであった。そのため、各部隊では手作りの「増加バスケット」を製作、これを主に演習時にバスケットに装着し、個人物品や寝具などをここに積載した。

増加バスケットはあくまで各部隊ごとの「創意工夫資材」なので、形状は統一されておらず、部隊ごとに形状が異なっていた。積載物は雨や雪、砂塵にさらされるため、市販のOD色ビニールシートを二重にして積載物を保護した。

バスケットの砲塔側面部分にはポリタンクをバンドで固定できるようになっており、演習時は主に飲用水を入れたポリタンクを積載した。水を使う時は灯油用の手動ポンプを使って水筒やコップなどに移した。もちろんポンプは水専用にしてあり、大抵は装填手が自費で購入した。

車体部の構造

エンジン・変速操向機

エンジンは三菱重工製の10ＺＦ、２サイクル空冷ディーゼルエンジンを搭載、７２０馬力を誇る。トランスミッションは変速装置と操向装置を一体化したクロスドライブ型変速操向装置を採用した。クラッチ操作は発進、停止の際だけで、増減速は変速レバーの操作のみで可能となり、操縦が容易になった。超信地旋回も可能である。

この変速操向装置がさらにエンジンと一体化され、パワーパックとなっている。これにより、動力装置の搭載、卸下が容易になり、整備性が向上している。とはいえ、実際のパワーパック搭載、卸下作業はかなり慎重を要する作業である。

動力室内部後端にはガイドレールがあり、ある程度の位置までパワーパックを動力室に入れ、パワーパック下部後端に取り付けられたローラーをガイドレールの間に入れ、レールに沿ってさらに下げていけば正しい装着位置に収まるようになっている。

車体最後部上面に設置された補助燃料タンク。タンク自体は通常のドラム缶である。タンクが空になった際は操縦席からレバー操作で投棄可能である。

変速機は前進6段、後進1段である。後進速度はかなり遅く、エンジンを吹かして回転数を上げても速度があまり出なかった。10式、90式より遅いのは当然と思えるが、61式戦車よりも遅いという事実には愕然とさせられた。

実戦では陣地に進入して行なう防御戦闘の機会が少なくないはずだ。後進を多用することが予想されるなかで、後進速度の低さは致命的になるのではないかと不安になった。

燃料は軽油のほかに航空燃料（JP4）も使用できる。また、動力室上面後端に補助燃料タンク（200リットル入りドラム缶）を1個積載可能で、台座にタンクを載せ、二つの金属製バンドで固定する。

補助燃料タンクが空になった際は、操縦席

左後方にある補助燃料タンク落下レバーで固定バンドを開放しタンクを投棄できる。

油気圧式懸架装置・姿勢制御機構

74式戦車の足まわり（走行装置）には油気圧式懸架装置が採用されている。片側5個の転輪はそれぞれアームを介して車体を支えており、さらにシリンダーを介してオイルとガスを封入しているアキュムレータに油圧回路を通ってオイルが流入・流出することでサスペンションとして機能する。

姿勢制御機構は操縦席と車長席にある姿勢制御操作器の操作入力に応じて油圧ポンプが作動し、各転輪シリンダーの油量が調節され車体の姿勢を変化させる。誘導輪シリンダーは姿勢制御に応じてシリンダーが伸縮し、履帯の張力を保つ。

なお、姿勢制御は操縦席後方にあるバルブブロックで手動で油圧回路のバルブを開閉し油量調節することでも制御可能である。油圧ポンプはエンジン駆動で作動するため、車高上昇、姿勢変化の際、エンジン回転数を上げると姿勢変化が速くなる。姿勢を下げる際は戦車の自重で下がるのでエンジン回転数を上げる必要はない。

姿勢制御操作器は操縦手用と車長用で、それぞれ形状、機能が異なっている。姿勢変化はどちらでも可能であり、操作レバーを向けた方向に車体が傾く。

車高調整は操縦手用操作器でしか行なえない。ダイヤルが付いており、回転量に応じて微妙な車高の調整も可能である。車長用操作器には水準器がついており、車体の傾斜状態が把握できる。傾斜地で車体を水平に調整する場合などにも利用する。

また、車長用操作器にはオーバーライド機能があり、操縦手用操作器に優先する。車長用操作器のメインスイッチをオンにすると操縦手用操作器のオーバーライドランプが点灯し、操縦手は車長が姿勢制御操作中であることを確認できる。

走行関係各種装置

履帯（キャタピラ）は逆ハの字型のグローサー（爪）がついた鋼鉄製で、鉄履帯にゴムパッドを装着したゴム履帯も用意されている。ゴム履帯はトレーラーや艦艇・船舶への搭載時やアスファルトなど、履帯や接地面を損傷させるおそれがある場所を走行する場合などに装着する。

90式戦車や10式戦車のように鉄履帯にゴムパッドを装着する方式ではなく、使用時は履帯ごと履き替えなければならず、やや不便であった。

履帯はダブルピン方式で1枚の履板を両端のコネクターと中央のセンターガイドで接続する。コネクターは走行中にゆるんでくるため、操縦手は機会をみて頻繁に履帯の点検を行なう必要があった。

また、センターガイドも固定ナットがゆるんで脱落することがあった。点検はハンマーでコネクターを叩き、音を確認する。外側のコネクターは容易に点検できるが、内側のコネクターはパーク（駐

74式戦車の右側足回りを後方から見る。履帯はゴム履帯である。左の写真は履帯の接続部品。中央にセンターガイドを装着して履板どうしを接続する。コネクター内部にウェッジを入れ、ボルトを締めることでコネクターを固定する。

車場）などで戦車を姿勢制御で前上げにし、点検と締め付け、前進してまたそれを繰り返すやり方で点検した。

グローサーは走行を繰り返すたびに摩耗するため、爪の長さが規定量以下になると新しい履帯と交換した。

履帯の付属品として防滑具（鉄履帯用、ゴム履帯用の2種類）が用意されていたが、筆者は使用した経験がない。他部隊でも使用したという話を聞いたことがなく、実際に使用されたケースは非常に少ないと思われる。

74式戦車の起動輪（スプロケット）。起動輪の突起部分は常時コネクターと接触するため、摩耗が激しい。またコネクターも同様に摩耗する。どちらも摩耗が規定値に達すると交換となる。

また、冬期用の除雪具を第5転輪と起動輪の間の車体部に装着可能で、寒冷地の部隊では必ずすべての74式戦車に除雪具を装備した。これは起動輪への着雪をそぎ落とすもので、これがないと起動輪に雪が固着し、履帯外れの原因となる。

冬期、演習などで長距離走行すると、除雪具本体にも雪が固着するので、操縦手は工具などを用いて点検の際に除雪具の雪も落とすのが常だった。

筆者が所属していた部隊では除雪具は雪が降る前、秋には各戦車に装着していた。除雪具はかなりの重量があり、装着基部がある第5転輪と起動輪の間は狭く、装着作業にはかなりの手間を要した。

74式戦車の車輪は前から誘導輪、第1〜

第5転輪、起動輪（スプロケット）で構成されている。誘導輪はシリンダーを介して車体部に装着されており、油圧で伸縮し履帯の張力を調整する。転輪は2枚の車輪を組み合わせており、中央の溝に履帯のセンターガイドが通るようになっている。そのため、転輪内側の保護のためにハードプレートと呼ばれる金属板が装着されている。

また、転輪の外側にはゴムが巻かれている。転輪外側中央には半球形の転輪ハブがあり、中央にハブオイルのレベルゲージがある。ごくまれにハブからのオイル漏れがあり、操縦手は履帯とともに注意して点検する必要があった。

起動輪はエンジンの動力をもって履帯を回転させる重要な車輪である。起動輪の爪も長く走行していると摩耗するため、タイヤのスリップサイン同様、爪の両端に穴が開いている。穴がなくなるまで摩耗すると交換となる。起動輪もかなりの重量があり、形状も両端が尖っているので、交換時には隊員2人で運搬しなければならなかった。

操縦席

操縦席は車体前部左側に位置する。ハッチは左側に開放され、不意の閉鎖を防ぐためにチェーンが付いており、ハッチ開放時は把手に必ずチェーンをかける。

開放、回転時はハッチがシリンダーを支点に少し上昇し、閉鎖、開放位置固定時は下降させる。こ

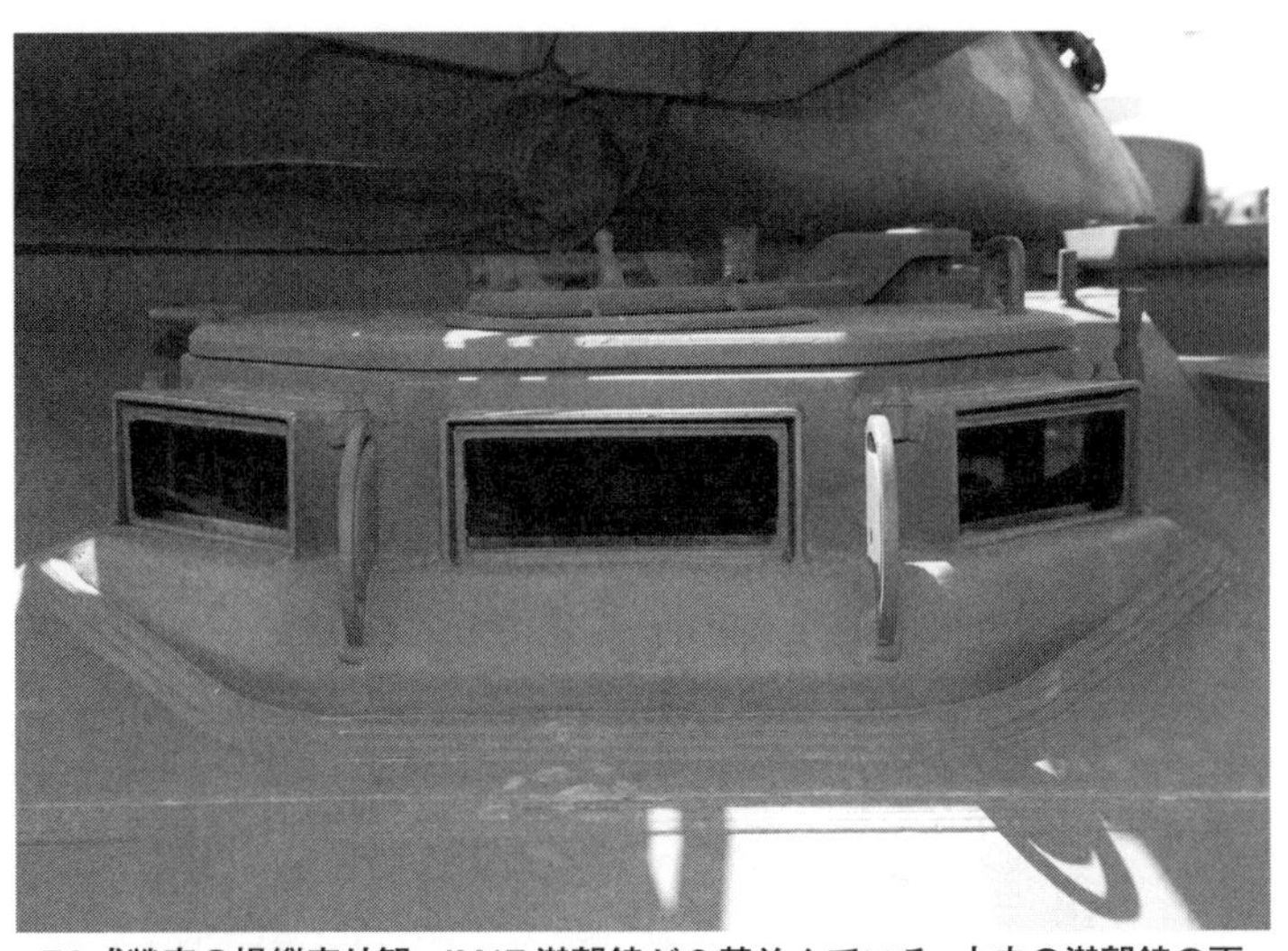

74 式戦車の操縦席外観。JM17 潜望鏡が 3 基並んでいる。中央の潜望鏡の両側にある溝のついた半円形のものは防風板の取り付け器具である。

れは車内のハッチ開閉レバーで操作する。ハッチ中央には回転式の操縦用暗視装置受像器取り付け部が設けられている。

座席は上下と前後に位置調整が可能で、背当ては取り外しができる。正面にはJM17潜望鏡(ビジョンブロック)が3個並んでおり、その下に速度計と回転計、さらにその下方奥に操向ハンドルと操縦手用姿勢制御操作器が設置され、足元には左からクラッチペダル、ブレーキペダル、アクセルペダルが並ぶ。

座席左側には前から変速レバー、スイッチボックス、コントロールボックスが並び、各ボックスには操縦関係の各種スイッチなどが並んでいる。

座席右側にはサイドパネル、下方前から懸架主圧計、ブレーキロックレバー、アイドリング調整レバーが並ぶ。サイドパネルには操縦関係の各種計器が並び、照明もついており照度が調節可能。

座席右後方にはバッテリー急速充電コード用のソケットがあり、バッテリーの電圧が低く、エンジン始動が困難な車両とケーブルを接続し、電力の供給ができる。

ソケットのほかには消火装置M型手動弁と室内灯がある。室内灯は装塡手席にあるものと同型で、通常の白色照明と戦闘中に使用する赤色照明の2種類の照明を切り替えできる。

足元には暖房装置（電熱ヒーター）があるが、作動音が大きい割に効果はわずかで操縦席全体を暖めるほどのものではなかった。

操縦用暗視装置受像器の取り付けはハッチを閉鎖し、操縦席側（内部）から行なう。まず本体を持ち上げてハッチ中央の取り付け部に設置する。ハッチ上面に受像部が出る。電源はスイッチボックスに専用のケーブルを接続して得る。

操縦用暗視装置受像器を設置すると、ただでさえ狭い操縦席が一層窮屈になる。特に受像器の接眼部が目の前に位置するため、両側のボックスやパネルの確認がしにくくなった。暗視操縦は受像器を正面に向けたまま操縦するか、片手で受像器を回転させて周囲を確認しながら操縦するか、二通りの方法があり、操縦手の好みで行なった。

筆者は後者で、受像器を回転させて常に周囲の状況を確認しながら操縦した。しかし、受像器に手をかけると片手がふさがり、同時に操向ハンドルや変速レバーも操作しなければならず、常に両手が動いている状態であった。

余談ながら、90式戦車の操縦用暗視装置は非常に高性能で地形なども明瞭に視認でき、夜間操縦が容易だった。74式戦車でも90式戦車の操縦用暗視装置と同等の性能をもつ新型操縦用暗視装置の開発、装備が行なわれてもよかったのではないだろうか。

なお、操縦用暗視装置受像器装着後はハッチの開放は不可能になり、乗下車の際は操縦席から戦闘室を経て砲塔から乗り降りしなければならなかった。

操縦席用の装備として、防風板が用意されている。ハッチを開放して開口部を覆うように装着するもので、前部にワイパー付きの窓、後方に覆いがある。寒冷地、冬期用の装備と思われるが、筆者の所属部隊では使用されたことはなかった。中隊の機材庫に保管されているのは見たが、使用の形跡もなかった。第7戦車大隊の74式戦車が装備している写真が残されているので、北海道の部隊では使用する機会があったようである。

筆者は乗員としては操縦手経験がいちばん長かったが、操縦席でよく思い出すことがある。冬期用個人装備品に靴カバーがあり、防寒靴を包み込むように重ねて履くものだが、これを履いてアクセル操作を行なうと、アクセルペダルと隣のブレーキペダルの間にカバーが挟まり、スムーズなペダル操作に支障をきたした。

結局、乗車時は右足のカバーだけ外して操縦した。下車する際は再度カバーを履かなければならず、非常に難儀したことを憶えている。

潜水補助装置

74式戦車は潜水渡渉能力があり、潜水補助装置を装着して水深約2メートルまでの河川などを渡渉可能である。

潜水補助装置は主に排気口に取り付ける円筒状の排気ダクトと車長用ハッチに取り付ける吸気用シュノーケルで構成され、このほかに戦車砲の砲口、防盾の開口部にキャップを取り付け、また操縦手用ハッチ、装填手用ハッチも閉鎖、車長用ハッチ以外のあらゆる開口部はすべて閉鎖し、縁にグリスを厚く塗る。また、砲塔リング（砲塔部と車体部の接合部）に装着されている砲塔シールに空気を注入し、接合部からの浸水を防止する。

渡渉中に何らかのトラブルが発生し渡渉が不可能になった場合は、戦車回収車などのウインチで引き上げるが、そのために車体部前部から砲塔上面を通し車体部後部にかけて戦車に装備されている牽引ワイヤーを掛ける。

74式戦車の潜水渡渉はその準備に時間と労力がかかるため、とても実戦的な能力とはいえないと筆者は考える。河川などを渡る際はまず渡れる橋を通行し、橋が破壊されるなど通行不能の際は姿勢制御で高姿勢にし、浅瀬などを渡るのが現実的だろう。

筆者は渡渉訓練用プールでの潜水渡渉操縦を経験しているが、水中では視界ゼロ、水中を走行しているということだけがわかるくらいで、潜水渡渉中は車長の指示だけが頼りであった。

また、潜水渡渉中のエンストは絶対に避けなければならず（水中でエンジン始動はできない）、低速ギアで高回転を維持して渡渉する。万が一浸水した場合は戦闘室を通って砲塔上から脱出しなければならないため、唯一の脱出口である車長用ハッチからいちばん離れた位置にいる操縦手は高い緊張感をもって操縦に臨んだ。

当然ながら、潜水渡渉訓練前には浸水時の脱出要領を練習し、規定の時間内に車外に出られないと訓練には参加できない。

車体部装甲

防弾鋼板を使用しており、主として車体部前部上面、下面の耐弾性を高めている。

車体部前部上面、下面の形状を見ると断面は楔形（くさびがた）であり、この部分にも避弾経始が考慮されている。演習などでは部隊独自の耐弾性向上策を講じた事例もあり、車体部前部上面に土のうを積み並べたり、短く切った丸太を並べた車両を見ることがあった。ＨＥＡＴ弾や機関砲弾にはある程度の耐弾効果が期待できるだろう。

車体部前面の外観。楔型になっているのがわかる。写真の車体は92式地雷原処理ローラーを装備できるF型のため、ローラーの部品装着用の基部などがあり、ほかの型と外見が大きく異なる。

車体部各種装置

74式戦車の車体部には至る所にさまざまな装置や器具が装備されている。

灯火装置は車体部前部上面両端に前照灯、方向指示灯（ウィンカー）、管制車幅灯、車体部前部上面右側に管制運転灯が設置されている。

前照灯は通常の前照灯が両側に1基ずつ、赤外線フィルターを装着した暗視操縦用前照灯が右側に1基もしくは両側1基ずつの2基が装備されている。時期は不明ながら右側1基の車両が多く見られるようになった。暗視操縦時は1基で十分と判断されたのかもしれない（依然、2基装備の車両も見られる）。

なお、前照灯は照射方向の上下切り替

74式戦車の灯火装置（車体右側）。向かって右から前照灯、暗視操縦用前照灯、方向指示灯（ウィンカー、上）、管制車幅灯（下）。その隣のボルトが2つ付いた筒状のものはバックミラー取り付け基部である。円内は管制運転灯。後方にサイレンが見える。

え（ハイビーム・ロービーム）が可能である。暗視操縦用前照灯の点灯確認はフィルターに手を当てて行なう。異常なく点灯すればフィルターが熱を持つので、熱を感じたら点灯しているということである。

管制運転灯の後方にはサイレンが装備されている。これは自動車のクラクションと同様の使い方をするが、無闇に鳴らすのは厳禁とされていた。パーク（駐車場）などでのエンジン始動時に軽く鳴らして周囲に注意喚起したり、後進する際も同様に注意喚起の意味合いで鳴らしてから後進を始めた。

車体前面下部に2基装備されている牽引用フックとフック基部（ブラケット）。フックを固定するピンには金具がついており、金具を抜き、さらにピンを抜けば容易にフックが外れる。

演習中（戦闘状況下）に鳴らすことはまずなかった。

サイレンの左後方には予備履帯（履板2枚）が固定具を介して積載されている。

操縦席ハッチ左後方にはCBR防護装置が装備されている。CBRとはいわゆるNBC（核、生物、化学）と同義であり、74式戦車の特殊武器防護関連ではCBRと呼称する。核、生物、化学各兵器の使用が予想される場合は事前に砲塔部、車体部の各開口箇所を密閉し、CBR防護装置を作動させる。装置にはフィルターが内蔵され、汚染空気を浄化して戦闘室内へ清浄な空気を供給する。

車体部前部、後部下面両側には牽引用フックが設けられており、戦車回収車などに牽引される場合は、フックを外して回収車に搭載されて

袖部収納部。車体両側にあり、車載工具や各種資器材を収納する。車載工具は操縦席に近い車体左側の袖部収納部に収納する。

いるトーバー（牽引具）をフック基部（ブラケット）に接続して牽引する。

また、牽引フックには戦車に装備されている牽引ワイヤーも接続可能だ。車体部後部下面中央には着脱式ピントルフック基部があり、ピントルフックを装着することにより2トン弾薬トレーラーや故障車両を牽引可能である。

車体部右側には前から袖部収納部（ウエス、ゴムバンド、偽装時に木の枝や草を切るために使用する鎌（かま）などを収納する）、洗桿棒（せんかんぼう）（クリーニングロッド、砲腔洗浄用の棒）収納部、バール、最後部に右側マフラーがある。洗桿棒収納部はカバー内に洗桿棒が4分割されて収納されており、使用時は接続して1本の棒にして使用する。

車体部左側には前から袖部収納部（車載工具）、各種土工具（ハンマー、斧、円匙、つるは

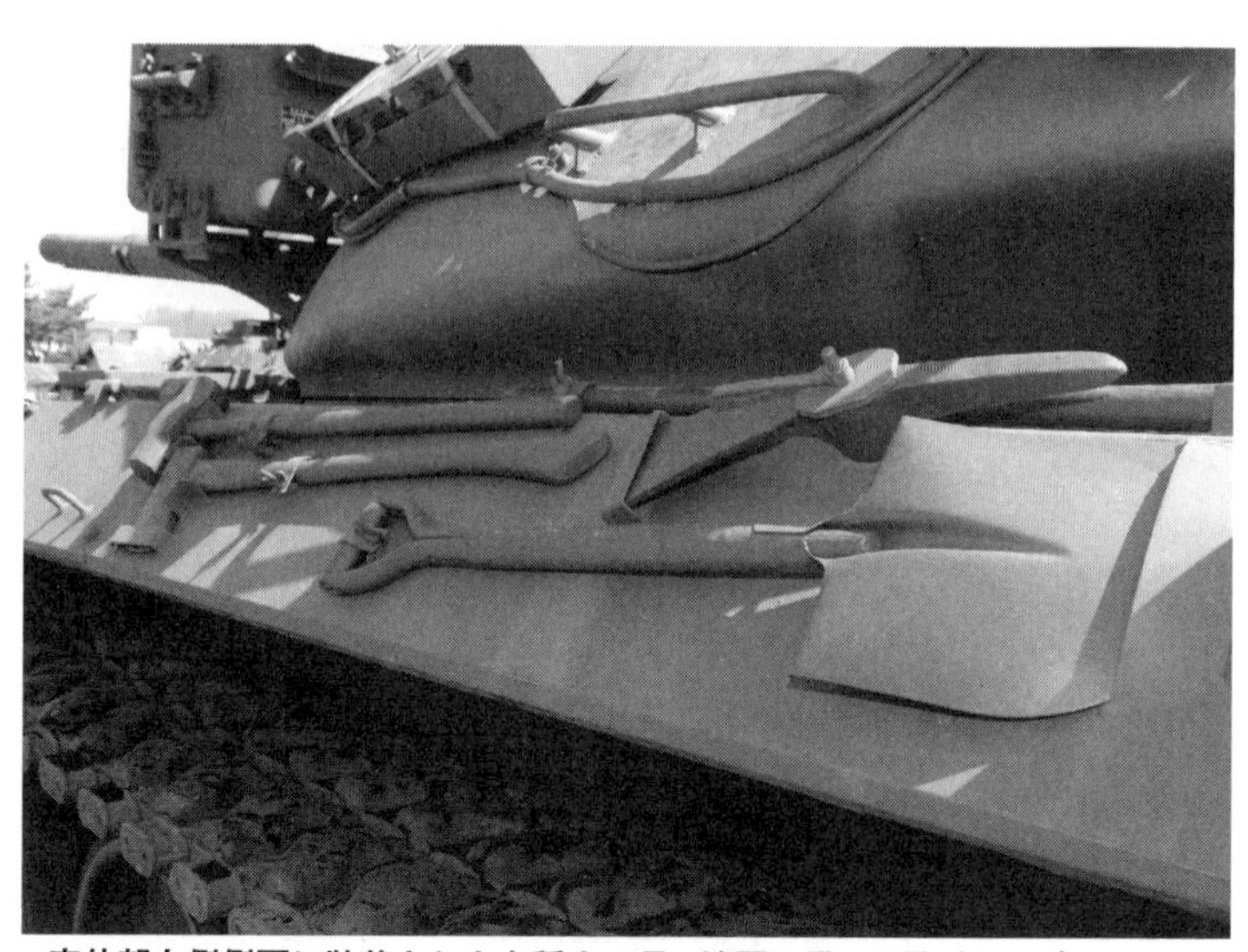

車体部左側側面に装着された各種土工具。演習の際、円匙（えんぴ：スコップ）は１つでは足りず、追加の円匙を車体装備円匙にゴムバンドでくくりつけて行くことが多かった。

し）、左側マフラーがある。土工具は金具を介して蝶ねじなどで車体に固定されている。円匙とは先端が尖った土掘り用のスコップのことである。自衛隊では基本的に「えんぴ」と呼称する。演習時は陣地構築などでよく使用するため、追加の円匙を車体部にゴムバンドで固定して行くこともあった（これを増加円匙と呼んだ）。

車体部後部には両側に灯火装置（管制車幅灯、停止灯と方向指示灯を兼ねた尾灯などが一体になったもの）があり、灯火装置上端のライトは左が管制停止灯、右が後退灯になっている。

後部中央右側には車上電話機が装備されており、受話器を用いて車長と通話が可能。受話器のコードはリール式で、コードを引いて

車体部後部左側の灯火装置。窓が3つあり、上から管制停車灯、管制車幅灯、尾灯となっている。なお右側の灯火装置の最上部は後退灯である。円内は車上電話機の外観。右上のランプは車長席にある車上電話機用制御器で車外の隊員を呼び出す際に点灯する。

伸ばすことができる。車長席と操縦席には車上電話機の制御器が設置されており、使用時にはランプが点灯して呼び出しを確認できる。

後部中央には携行缶用ラックがあり、燃料携行缶が1個積載できる。またその左隣、後部中央左側にはジャッキが積載される。ジャッキ棒は動力室上面左側に固定されている。携行缶とジャッキは主に演習時に積載され、通常の訓練などにおいては積載されない場合もある。

後部左側、灯火装置の隣には砲身止めが装備されている。操縦訓練時やトレーラー・艦艇・船舶などに搭載される際は砲塔を後方に向け、砲

収納状態から起こしてロックした状態の砲身止め。円内は砲身を固定した状態。

身を砲身止めで固定する。

砲身止めの使用時は固定ロックを外して上方に上げ、上方のロックをかけて砲身止めを固定する。砲身止めの砲身固定部は砲身を挟むような形状をしており、固定ハンドルをゆるめて固定部上端を開放し、砲身を固定位置に移動させたら固定部上端を戻し固定ハンドルを締め付ける。

砲身位置の微調整は動力室上面後端にいる隊員が砲身位置を確認しながら砲手席の隊員に声で指示を出し、砲手席の隊員は手動操作で誘導に従いながら砲身を移動させる。

第3章　戦車砲・各種火器の射撃要領

74式戦車は主装備の105ミリ戦車砲をはじめ、12・7ミリ重機関銃M2、74式車載7・62ミリ機関銃、74式60ミリ発煙弾発射筒を装備しており、標的の種類に応じて適切な武器を選択し、射撃を行なう。以下、それぞれの射撃要領を紹介する。

野外照準規整（ボアサイト）

戦車砲の砲身の中心線（砲腔軸線）と直接照準眼鏡（J1）、砲手用照準潜望鏡（J2）、車長用照準潜望鏡（J3）の眼鏡軸線が任意の一点で交わるよう、もしくは砲腔軸線と各眼鏡軸線がすべて平行になるよう規整することをボアサイトと呼び、射撃前に必ず行なう。射撃前の儀式のようなものである。

砲身先端の溝に合わせて細い糸を十字に貼り付け、戦闘室内の砲尾部では閉鎖機を開いて薬室部分に砲腔視線検査眼鏡（ボアサイト眼鏡）を取り付ける。ボアサイト眼鏡はスコープになっており、まず砲身先端の十字とボアサイト眼鏡内の十字指標を完全に一致させる。その後、試験標的もしくは任意の距離にある建造物などの目標物、射場ではボアサイト用の標的を照準し、ボアサイト眼鏡の照準が完了したら直接照準眼鏡（J1）、砲手用照準潜望鏡（J2）、車長用照準潜望鏡（J3）も目標を照準、レティクルを合致させ固定する。

90式戦車以降は砲腔視線検査眼鏡を砲身先端から挿入、固定し真横から覗いて照準規正する方式のものになっており、砲腔視線検査眼鏡の設置、野外照準規整が容易にできるようになった。

74式車載7・62ミリ機関銃のボアサイトは尾底部と作動部を取り外し、銃身を通して肉眼で照準し、機関銃の位置の調整は機関銃托架のボルトを調整して任意の方向に固定する。

ボアサイト自体は砲手が行ない、車長もしくは装填手が助手となって砲手を手伝う。上級陸曹クラスになると慣れたもので、ボアサイトも短時間で完了するが、砲手になりたての若い陸曹などは時間がかかり、上級陸曹からどやされることもしばしばあった。

ボアサイトの照準はこれでもかというくらい厳密に行なわれる。たとえばレティクルの縦の線を標的の縦の線に合わせるが、ベテランは「標的の線の右側にレティクルの線の左側を接するように」といった指示を出す。もちろん経験の少ない若い乗員は困惑する。線は線であり、「線の右」や「線の左」といった考え方は理屈でわかっていても、線が重なる以上の精密さを要求されるとは思わない。

現在もこうしたボアサイトが実施されているかはわからないが、ボアサイトの精密性を追求し過ぎるのは実戦的ではないと筆者は考える。実戦において極端に精密なボアサイトをやっている時間的余裕があるだろうか。また、職人的技術も短時間で会得できるものでもないだろう。

教範に従ったボアサイトを実施できれば〝御の字〟であり、射撃で射弾が多少照準点からずれたとしても、そのために直接命中法といった弾着修正法が定められているのである。もちろん、ふだんの訓練で精密なボアサイトを行ない要領を会得して、いざという時にその技術を発揮することに越したことはない。

105ミリ戦車砲の射撃

射撃の際は装塡手がまず閉鎖機開放ハンドルを使用して閉鎖機を手動で開放する。閉鎖機開放ハンドルは取り外し式であり、閉鎖機の手動開放または手動閉鎖の時だけ使用し、それ以外は戦闘室内の定位置に置く。その後、砲尾から砲身内を覗き込み、薬室・砲身内の異物の有無を確認する。

次に車長の指示する弾種の砲弾を装塡する。74式戦車は砲尾とプロテクターバンド（排莢時、砲尾から飛び出した薬莢から機材などを防護するための金属製の大型バンド）の間隔が狭いため、砲弾を砲尾環の開口部（閉鎖機が上下する部分。装塡時は閉鎖機を開放しているため砲尾が露出する）に弾頭を斜め上から挿入し、弾頭が砲尾環に収まったら弾底を右手の拳で一気に押し込み装塡する。砲弾が薬室に入ると閉鎖機のロックが外れ、自動で閉鎖機がせり上がり薬室を閉鎖する。

砲尾部左側（装塡手席側）に設置してある装塡スイッチボックスのスイッチ（安全スイッチ）を押す。同時に砲手席砲手用ハンドル上および車長席パネルの装塡完了ランプが点灯。これで射撃可能になる。あとは砲手が目標を照準、車長の号令でハンドルの撃発スイッチを押せば砲弾が発射する（射撃は同じ要領で車長もできる）。なおこの際はFCSの電源はオンの状態である。

装塡スイッチボックスには装塡完了スイッチと解除スイッチがあり、何らかの理由で射撃が中断・中止する際は解除スイッチを押して装塡完了状態を解除する。装塡スイッチボックスは銃の安全装置のような役割をもつ。

74式車載7・62ミリ機関銃の射撃

射撃前に装塡手は機関銃の托架(たくか)への固定状態（機関銃を固定する2本のピンが確実に挿入・固定されているか）、ソレノイドの確実な装着、ソレノイド用電源コード（発射ケーブル）の取り付け、薬莢受け袋の装着状態（袋は4つの金具で固定されるが、1つでも固定されていないと射撃時に薬莢が袋の外に落ちることがある）などを点検する。

射撃時は車長の号令で7・62ミリ弾のリンク（弾が連結金具で結合され帯状になったもの）を準備

降りしきる雨をものともせず、果敢に105ミリ戦車砲を発射する74式戦車。悪天候での射撃精度は砲手の技量と経験がものを言う。

し、給弾口へ挿入する。1発目が機関部に入り送弾板の突起（送弾子）が噛んで「カチッ」と音がした状態が「半装填」となり、装填手は車長に「半装填よし」と報告。続いて車長の「完全装填」の号令で装填手は槓桿（こうかん）を引いて戻し、装填完了となる。

装填手は車長に「完全装填よし」と報告。後は銃本体後方左下部にある安全子（安全装置レバー）を「安」から「発」に動かし、これで機関銃は発射可能になる。

機関銃射撃の際、砲手は通常、J2砲手用照準潜望鏡で標的を照準する。車長の号令で指定された標的を照準、車長の「撃て」の号令で射撃を開始する。撃発は砲手用照準機ハンドルの撃発スイッチを押すことでソレノイドが作動し撃発する。

射撃中は標的から目を離さず、弾着の景況を常時確認する。レティクルで標的の中心を照準していても射弾がレティクルの照準点からずれて弾着する場合もある。標的の中心に弾を導くためには標的外で地面が弾ける様子や標的の様子を見て、その弾着点から標的の中心に導く（修正する）方法や、曳光弾の光跡を見て導く方法がある。

以上の点から、射撃は当初、短連射を1～2回行なって弾着をつかみ、その後、連射で一気に目標に射弾を集中させる方法が一般的である。短連射の繰り返しは「小便撃ち」と呼ばれ、機関銃射撃の方法としてはよろしくないとされる。

射撃訓練においては、配当弾を撃ち終わると残弾の有無を確認するため、車長の指示により砲手は標的を照準している状態で撃発スイッチを押し、「空撃ち（からうち）」を行なう。空撃ちで弾が出なければ、装填手は槓桿を引いた状態で遊底覆いを開き、安全係の点検を受ける。

12・7ミリ重機関銃M２の射撃

12・7ミリ重機関銃M２は射撃精度が良好で、操作も容易であると言われることが多いようだが、それは三脚架を使用した地上での射撃のことだろう。この機関銃が74式戦車をはじめ、戦闘車両に装備される際は銃架を介して装備するが、ほとんどの場合、銃架基部1点のみで支えられていることが多く、この方式での射撃は脇を締めて体を預託（よたく）するといった射手の正しい射撃姿勢が正確な射撃を行

車長の目標指示に従い、空中目標に対して12.7ミリ重機関銃M2の射撃を行なう装填手。重機関銃には対空射撃用の環型照準具が取り付けられている。

なうために重要となる。

12・7ミリ弾は金属製の手提げ弾薬箱に入っており、銃架の弾薬箱架台に載せて蓋を開けばすぐに装填できる。

遊底覆いを開き、リンクで連結された弾の1発目と2発目の間に抽筒子（エクストラクター）を食い込ませ、カチッと音がするまで押し込む。遊底覆いを閉じて槓桿（コッキングハンドル）をいっぱいに引き、戻す。これで発射準備が完了。あとは押し金（トリガー）を押し込めば弾が発射する。

また、給弾は遊底覆いを開かずに給弾口に直接銃弾を押し込むことでも可能だが、この場合、槓桿を2回引かないと薬室に第1弾が送弾されない。正しく装填されると弾の1発目と2発目を結合しているリンクが排出されるので、それが装塡完了の目安となる。

正確な射撃のためには正しい射撃姿勢をとることが重要と記したが、射撃開始後は弾着の景況や音（鉄製の標的に当たると音が聞こえる時がある）、曳光弾の光を頼りに弾を標的に導き、弾を目標に集中させる。12・7ミリ弾は非常に強力であり、軽装甲目標の撃破も可能である。

74式60ミリ発煙弾発射筒の射撃

60ミリ発煙弾の装塡は安全管理上、いちばん下の発射筒から実施し、次に中央、最後に最上の発射筒に装塡する。逆の順番で装塡を実施すると、何らかの原因で誤射が起きた場合、装塡作業を行なう人員に被害を及ぼす可能性があるためである。同様の理由で、装塡作業をする者は発射筒の後方に位置し、手を伸ばして装塡作業を行なう。

発射筒先端のキャップを外し、60ミリ発煙弾を弾底から筒内に挿入、装塡する。

発射は車長席の車長用パネルに発射スイッチがあり、左3発発射、右3発発射、斉射(せいしゃ)を選択して発射が可能である。斉射すれば、戦車の前方約100メートルの位置に厚さ約100メートルの煙幕を約10分間展張できる。なお、戦闘室内に予備の発煙弾が搭載される。

個人装備火器と下車戦闘

戦車乗員は下車行動時の護身用、戦車が行動不能などでやむなく下車戦闘に移行する場合の武器として各乗員が小火器を装備しており、通常は操縦席および戦闘室内の定位置に固定している。積載している小火器は新旧あり、旧装備は拳銃（車長）、11・4ミリ短機関銃M３／M３A１（砲手・操縦手）、64式7・62ミリ小銃（装填手）。新装備は拳銃（車長）、89式5・56ミリ小銃折り曲げ銃床型（砲手・操縦手・装填手）となっている。また、下車戦闘時は74式車載7・62ミリ機関銃も専用の三脚架とともに卸下して使用する。戦闘室用の7・62ミリ弾薬箱も防弾板の代わりとして利用する。

射撃後の武器整備（砲通し・銃整備）

戦車砲から機関銃まで、射撃を行なったら必ず整備を実施する。射撃時に固着したガスや汚れなどを除去しなければ砲身・銃身内部の腐食や各部の作動不良などにつながるからだ。

戦車砲の手入れは車体右側に格納された洗桿棒（クリーニングロッド）と砲塔工具のブラシを使用する。洗桿棒は4本あり、これらを接続して（棒の両端にねじが刻まれている）1本にし、先端にブラシを装着、清浄油（洗浄油）をたっぷりかけたあと、砲口に挿入。押し引きしながら砲身内部をブラシでこする。これを何度か繰り返す。

仕上げはウエス（ボロ布）を丸めた玉を洗桿棒で小突いて清浄油を拭き取り、ウエス玉に潤滑油を

車体部右側の洗桿棒収納部を開けた状態。洗桿棒が4分割されて収納されている。砲通しを行なう際は4本の棒を接続（両端にネジがきってある）し、1本にして使用する。さらに砲腔内の汚れを取る際は先端にブラシを装着する。

たっぷりかけて再度玉を通し、砲身内部に潤滑油を塗布する。この作業を「砲通し」といい、射撃回数にもよるが、砲通しは清浄油でおおね1～2日かけて行ない、最後に潤滑油で砲通しして整備完了となる。

空包射撃を行なった際は空包の装薬（火薬）を包む紙が薬室内に張り付くため、砲尾からブラシなどでこすって除去する。

機関銃の整備も基本的に砲と同様である。汚れやすい銃身や作動部を清浄油で磨き、特に汚れがひどい部品は清浄油に浸けておき、翌日再度汚れを落とす。整備終了時は清浄油を完全に拭き取り、潤滑油を塗布して整備完了だ。また、整備の際は機関銃を分解するが、その際は部品をよく見て破損などがないか点検する。

コラム❶三色旗(さんしょくき)と縁起

戦車射撃を実施する際、射場において各戦車は必ず、その戦車の火器の状態に応じた旗を掲げなければならない。74式戦車には車長用照準潜望鏡の横に円筒状の旗立てがあり、そこに旗を差す。

旗には3種類あり、緑旗（砲および機関銃の弾薬が装填されておらず、安全が確認されている状態で掲揚）、赤旗（砲および機関銃の装填が実施される直前から弾薬・薬莢などの抽出が完了するまでの間に掲揚）、橙旗(オレンジ)（射撃実施に支障をきたす故障が発生してから故障排除完了までの間、緑旗もしくは赤旗と併せて掲揚。故障発生→赤と橙掲揚。弾薬抽出、安全処置確認→緑と橙掲揚、故障排除完了→緑掲揚）がある。

私が部隊にいたころは、緑旗が「青旗(あおはた)」、橙旗が「黄旗(きはた)」と呼ばれていたが、現在では呼称が厳格に定められ、前述のように呼ばれているという。これらはキャンバス製のケースに格納し、通常は戦闘室内に置いている。射撃の際は装填手が旗を準備し、砲塔上、車長用ハッチと装填手用ハッチの間のスペースに置く。ちなみにこのスペースは本来、12・7ミリ重機関銃用予備銃身の取り付け位置である。

ある射撃訓練に装填手として参加した際、車長に「三色旗を出しておけ」と指示され、3本の旗すべてを出したら突然、「黄旗は出さなくていい！　しまっておけ！」と怒鳴られ、なぜと思いながら橙旗を格納したことがあった。しばらく経ったあと、車長がつぶやくように言った。

「黄旗を最初から出していたら、故障や不発射を予期しているみたいで縁起が悪い。故障が起きてから出せばいいんだ。しまっておけ」

射線に入った74式戦車の砲塔上に掲げられた赤旗。赤旗は砲弾または銃弾（機関銃の半装填含む）の装填が開始される直前から弾薬（薬莢）の抽出が終わるまでの間掲げられる。

第4章　74式戦車の各型式

さまざまな74式戦車（各型、部隊ごとの特殊な仕様）

74式戦車にはA型からG型までの各型があり、その他に特殊装備を施した型、74式戦車を基に開発・生産された車両、各部隊で任務などに応じた仕様の特殊な車両も存在した。これらを紹介していこう。

●74式戦車A型
初期生産の基本型
●74式戦車B型
APFSDS（M735）の発射能力を付与された型

●74式戦車C型
B型までのOD（オリーブドラブ）1色の塗装に替わり、迷彩塗装が施された型
●74式戦車D型
105ミリ戦車砲の砲身に砲身被筒（サーマルジャケット）を装着した型
●74式戦車E型
D型の弾道計算機を変更し、多目的対戦車榴弾（HEAT-MP）の発射能力を付与された型
●74式戦車F型
E型を92式地雷原処理ローラー装着可能に改造した型
●74式戦車G型
74式戦車（改）とも呼ばれる、近代化改修型
射撃能力向上……93式APFSDSを装備、射撃用暗視装置を熱線映像装置に変更、測距レーザーをルビーレーザーからYAG（ヤグ）レーザーに変更
防護能力向上……レーザー検知器を装備、CBR防護装置を個人吸気管方式に変更、消火装置変更、サイドスカート装着可能
機動性向上……起動輪に履帯離脱防止装置を装着、後進機構を改良し後退2速で後進可能。
●ドーザー装置装備型

岩手駐屯地の創立記念行事でパレードに参加した第９戦車大隊の 74 式戦車Ｅ型（ドーザー装置装備）。

部隊ではドーザー戦車と呼ばれる。車体部前部にドーザーブレード（排土板）を装備し、戦車に対する障害物（対戦車壕など）の応急排除に使用する。また、自車で簡易な陣地構築などの作業が可能である。

ドーザーブレード操作関係の装置が操縦席にあるため、車体部予備弾薬架がいくつか撤去され、砲弾携行数がほかの型より減少している。冬期は中隊パーク（駐車場）などの除雪で活躍、演習ではドーザーブレードの両端に空のドラム缶をくり付けて対抗部隊所属の「仮想」地雷原処理ローラー装備戦車として運用されることもあった。

92式地雷原処理ローラー装備型

74式戦車F型と呼ばれる型で、92式地雷原処

92式地雷原処理ローラーを装備した状態の第6戦車大隊の74式戦車F型。

理ローラーを装着できる車体。ローラー装着用基部が車体部前部上面、下面に増設され、車体部前部上面には対戦車地雷爆発時のローラー跳ね上がりによる車体部保護のため、バンパーとその基部増設および管制運転灯の位置変更、サイレン・灯火装置防護用アクリル板が追加装備されている。

92式地雷原処理ローラーはアームが2本あり、車体の前に突き出すように装備される。アームの先にはローラーが片側4枚、両方で8枚（90式戦車用は片側5枚、計10枚）取り付けられ、さらにその先に磁気ロッドが片側3本ずつ装備されている。これにより、感圧・磁気・触角の各起爆方式の対戦車地雷に対応できる。重量は約8トンあり、ローラー装着時の操縦性はかなり低下するという。

演習で行動中の78式戦車回収車。クレーンや車体前部に偽装網（バラキューダ）を多用して被発見率を低下させている。

78式戦車回収車

74式戦車の車体部をベースに、クレーン（吊り上げ能力20トン）、ウインチ（牽引能力38トン）、ドーザーブレード、各種整備器材を装備しており、行動不能になった戦車などの牽引や、パワーパック搭載・卸下などの作業ができる。ドーザーブレードは主に駐鋤（スペードとも呼ばれる）、いわゆるストッパーとして使用され、作業時に地面に食い込ませて車体を安定させる。操縦席は戦車より高い位置に移動しているが、操縦系統の装置や機器は74式戦車とほぼ同じである。

車体は姿勢制御が可能。操縦席側面にクレーンの操作部、後方に車長席、さらにその後方に乗員（整備員）の乗車スペースがある。乗員室の後方、動力室上にはマウントが設けられ、74

富士総合火力演習で対空射撃要領を展示する87式自走高射機関砲。走行装置（足回り）の構成が74式戦車と同じであることがわかる。

式戦車のパワーパックを搭載できる。その他に自衛用として12・7ミリ重機関銃M2を車長用ハッチに1挺、車体部前面両側に発煙弾発射筒を片側3基、計6基装備している。

87式自走高射機関砲

74式戦車の車体部をベースにした新型車体部に35ミリ機関砲2門と捜索用レーダーおよび目標追随用レーダー、高度な射撃統制装置を装備した砲塔を組み合わせた高射特科部隊の対空戦闘車両であり「87AW」とも呼ばれる。戦車と同等の機動力をもち、戦車部隊に協同し、対空戦闘を行なう。

車体部足まわりは74式戦車と同じ機能をもち、姿勢制御が可能。また、車体前部右側内部は74式戦車では予備砲弾の弾薬架だったが、87

巨大な橋体が印象的な 91 式戦車橋。同車の車体部は 87 式自走高射機関砲とほぼ同型であり、74 式戦車の流れを汲んでいる。当然ながら姿勢制御も可能である。

式自走高射機関砲では弾薬架を撤去し、電力供給用の補助動力装置（ＡＰＵ）が搭載されている。

91式戦車橋

87式自走高射機関砲とほぼ同型の車体（車体中央に車長席、車体前部にアウトリガーを増設）に全長20メートル（有効長18メートル）の橋体を2分割して搭載しており、油圧により展開・収納する。

車体上面前部、後部に橋体を送り出すジブアームがあり、後部アーム上部には発煙弾発射装置と無線機用アンテナが装備されている。架橋に要する時間は約5分、格納は約10分とされ、橋は60トンまでの車両の通過に耐える。車体には補助動力装置（ＡＰＵ）が搭載され、足まわりは姿勢制御が可能になっている。

評価支援隊所属車

滝ケ原駐屯地所在、富士学校隷下の部隊訓練評価隊評価支援隊戦車中隊に配備されていた74式戦車（現在は90式戦車に更新）。北富士演習場の富士訓練センター（ＦＴＣ）において訓練部隊の仮設敵となる「第1機械化大隊」所属車両として運用された。

74式戦車の迷彩塗装に黒もしくはダークグレーを追加塗装し、通常迷彩の74式戦車とはかなり印象が異なる。ロシア軍などの戦車を模して円形の模擬投光器を砲塔に取り付け、砲塔上面の12・7ミリ重機関銃の銃架を外している。

富士訓練センターでの訓練は模擬交戦装置（バトラー）を使用するため、ふだんからこれを装着している。砲塔の部隊マークは赤い星と黒い竜を組み合わせたもので、対抗部隊のシンボル的なマークである。

市街地戦闘用

一時期、市街地戦闘用の研究のため、実験的に改装された車両。第1戦車大隊（駒門（こまかど）駐屯地）の所属と思われる。グレー系の迷彩塗装が施され、通常の74式戦車とだいぶ印象が異なる。砲塔に増加装甲状のプレートを装着したり、大型のサイドスカートの装着も確認されている。

グレー系塗装を施しただけの車両もあり、何種類かの仕様が存在したようである。実際どのように運用されたかは不明。のちに改修部分や塗装は元に戻され、通常型の74式戦車として運用されたようだ。

演習対抗部隊用

昭和から平成初期頃に実施された「陸幕指命演習」などの大規模演習で登場した仮設敵・対抗部隊用の車両。主にソ連/ロシアが配備している戦車や装甲戦闘車両を模した姿で演習に参加している。

車体前面上部に爆発反応装甲を模したタイル状のものを貼り付けた車両、砲塔上に模擬対戦車ミサイルを取り付けた車両、砲塔に板などを取り付け、砲塔形状を変えた車両などが確認されている。

また、大規模な改造を施した車両では、実際に使用できるのではと思えるような模擬地雷処理ローラーを装備したものや、105ミリ戦車砲の砲身を取り外し、砲身基部に4連装機関砲の砲身と砲塔上面後部に目標捜索/追随レーダーを模した構造物を取り付けて、ZSU‐23‐4「シルカ」自走高射機関砲に仮装した車両もあった。

射撃訓練で移動中の74式戦車。操縦席に泥がはねるのを防止するため、左側フェンダーにゴムフェンダーを追加している。

創意工夫資材を用いた小改造

「創意工夫資材」とは、部隊独自で製作された工具や追加部品などのことで、ここでは追加部品を紹介する。これらは容易に装着や取り外しが可能で、装備品への加工や改造を必要としないものである。本来は許可が必要と思われるが、大半は黙認されていた。

74式戦車ではJ1用の遮光用円筒、J2、J3用遮光フード、木製前部フェンダー、木製後部泥よけ板、前部ゴムフェンダーなどが見られた。前部ゴムフェンダーはドーザー装置装備型や74式戦車（G）が標準装備していたものだが、通常の74式戦車にも部隊独自で製作、装着例があり、泥はね防止などに有効であったことが窺える。

また、車体前面下部にゴム製マッドガードを装着した車両も中部方面隊以西で多く見られた。これはもともとロシア戦車を模した対抗部隊用のものだったが、その有用性を認められ、他部隊へも普及したものと思われる。

そのほかに操縦席に近い左フェンダーのみゴムフェンダーを装着している車両も確認されているが、これは操縦席の潜望鏡（ビジョンブロック）への泥はねを防ぐ目的があると思われる。

わずか4両の74式戦車改（G型）

74式戦車改は1993年度予算で1個小隊分、4両が改修された。そのほかに試作車が1両改修されたとの話もあるが、試作車が存在したとすれば、1995年に公表された写真に写っている富士学校内訓練場での装備開発実験隊所属の74式改が該当車両と思われる。この車両はサイドスカートを装備しているほか、車体部前面上部に4つの突起があり、用途不明ながら、設置位置から想像すると爆発反応装甲など装着用の基部に相当するものではないかと考えられる。

生産が4両のみで終了したのは予算上の関係とされる。90式戦車の配備が進むなか、限られた予算を74式戦車の近代化改修に回すよりは90式戦車に回した方がいいと判断されたとのことである。

筆者は機甲生徒課程入校中に74式改を見学した。印象的だったのはやはり車内で、74式改の〝売り〟でもある熱線映像装置（サーマル）関係の機器が増設され、ただでさえ狭い74式戦車の戦闘室がさらに窮屈に感じた。増設もやや強引に取り付けた感が否めない印象であった。1年上の先輩方は操縦も体験したそうだが、筆者の期では駐車中の74式改の見学のみであった。操縦も是非体験したかったところである。

また、74式改の熱線映像装置は90式戦車の熱線映像装置より能力が向上しており、夜間照準・監視能力は90式をしのいでいたとされる。1個小隊分4両の74式改は主に教育用として運用されたわけだが、有事の際の運用構想が考えられていたのか気になるところだ。実戦で運用されることがあれば、熱線映像装置と93式APFSDSの組み合わせは強力かつ正確な火力を発揮していたことであろう。

1人の戦車乗りとして言わせてもらえば、74式改で採用された各種装備をすべてではなくとも、すでに部隊に配備された74式戦車の能力向上策として装備化できなかったものかと思う。

熱線映像装置の全車装備化は無理だとしても、たとえばレーザー検知器の装備化と発煙弾発射装置の換装、これだけでも生存性は向上する。また、起動輪に装備された履帯脱落防止用リングは採用された時点で当時運用中の74式戦車全車に装備するべきだと強く感じた。

全面改修した74式改仕様が不可能でも、部分的な改善はできたのではないか。それを行なわないということは、74式戦車は十分な戦力として考えられていないのだろうかと筆者は現役時に強く疑問をもち、また74式戦車乗員として悔しい思いをした。

74式から90式へ、そして10式に受け継がれたもの

戦車の技術進化もしくは流行を「世代」として分け、分類する場合がある。あくまで一つの分類法なのだが、これによると74式戦車は第2世代戦車、後継の90式戦車は第3世代戦車、最新の10式戦車は第3・5世代と分類されることが多いようだ。そして戦後初の国産戦車である61式戦車は第1世代である。

これによると、各世代戦車の特徴はおおむね以下のようになる。

●第1世代……90～100ミリ砲装備、避弾径始を考慮した装甲、砲安定装置の実用・装備化
●第2世代……105～115ミリ砲装備、アナログ式射撃統制装置（FCS）、暗視装置、レーザー測距装置を装備
●第3世代……120～125ミリ砲装備、デジタル式射撃統制装置、複合装甲の装備化、熱線映像装置などのパッシブ暗視装置を装備
●第3・5世代～……データリンクシステムを装備、各種増加装甲の採用、アクティブ防御装置（APS）の装備

もっとも、近年は戦車の近代化改修も各国で盛んに実施され、兵器メーカーも装甲キットや改修キットを開発・販売するようになり、第2世代戦車を第3世代戦車と同等の能力に向上させることも可

能になっている。このため、「世代」による分類は確たるものではなく、あくまで概念的なものであることを認識すべきだ。

以上の概念に照らして、戦後の日本戦車も他国の戦車同様に進化を重ねてきた。そのなかで変わらず受け継がれている装備は油気圧懸架装置による姿勢制御機構である。複雑な油圧機構や対戦車地雷などに対する足まわりの脆弱性など、弱点を指摘されることが多い装備だが、74式戦車で実用化され、後継の90式戦車、最新の10式戦車も装備しており、日本戦車には不可欠の機構となった。

実際、凹凸の多い日本の地形で防御戦闘を主に実施することを想定すると、正確な射撃、効果的な隠蔽・掩蔽、各種地形の走破、これらを実現するために必要な装備である。

10式戦車は最新戦車とはいえ、制式化からすでに10年以上の時が経った。防衛装備庁ではすでに後継車両の研究が始まっていると考えてよいだろう。もはや「戦車」としてはある程度完成の域に達していると思われる10式戦車。その後継が果たして我々が想像する戦車のかたちになるか未知数ではあるが、その足まわりには油気圧懸架装置、もしくはそれに類する機構が採用される可能性は非常に高いと筆者は考える。

90式戦車は制式化後、多くの隊員や一般人の目に触れる機会が多くなると、やはり「大きい」という感想が多かったと聞く。車体の大きさが仇となり当初は90式戦車を積載可能な長距離移動用のトレーラーがなく、砲塔部と車体部に分けての移動を強いられた（1993年から90式戦車運搬用の「特大型運搬車」が配備された）。また、橋梁を渡る際、90式戦車の重量（全備重量約50トン）に耐えられるか否かも問題となった。

10式戦車の開発にあたっては、「中身は90式戦車以上、車体は74式戦車と同サイズ」というコンセプトがあったという話がある。２００１年には第12師団が「空中機動旅団」として第12旅団に改編され、２００８年には緊急事態でも迅速に展開できる中央即応連隊が新編された。

このように陸上自衛隊は機動力を発揮した即応展開能力を重視するようになり、戦車を運用する機甲科部隊もこの流れに合わせなければならず、戦車自体の機動力は当然ながら戦略機動性も重視され、トレーラーや艦艇・船舶にも容易に積載・輸送可能なコンパクトさを求められた。

完成した10式戦車は全長・全幅・全高が74式戦車とほとんど同じサイズとなった。日本の国土で運用する戦車としてはこのサイズが最適ということなのだろう。

74式戦車は後継の90式、10式両戦車開発における先例として参考にされた部分が多かったと考えられる。

路外から勢いよく道路上に乗り上げる74式戦車。このような地形でも、的確な変速とアクセル操作で速度を落とすことなく勢いを保って走破できる。

第5章　ナナヨン乗りへの道

戦車乗員養成教育

「戦車に乗りたい！」

毎年入隊してくる多くの新隊員の中には、すでに目標を抱いて自衛隊の門をくぐる者も少なくない。陸上自衛隊の花形ともいえる戦車、機甲科も人気の職種の一つである。しかしながら、新隊員教育を修了した者を受け入れる部隊にもニーズがあり、「今年はうちの部隊は新隊員を○人受け入れる」といったように、部隊によって必要な新隊員の人数が変動する。これを「枠」といい、部隊によっては枠がない場合もある。

つまり、枠に入れなかったり、希望先の部隊に枠がない場合、新隊員は希望する職種、部隊に進むことができない場合があるのだ。戦車に乗りたくて機甲科を熱望しても、それが叶わず涙を流す者もいる。

晴れて希望が通り、機甲科に進むことができたとしても喜ぶのもつかの間、後期教育で厳しい教育訓練を受け、荒々しい機甲科の洗礼を受けることになる。数々の訓練をくぐり抜け、部隊で下積みを重ねてようやく戦車に乗ることを許されるのである。また、戦車乗員への道が長く険しいのは新隊員のみならず、高等工科学校生徒、幹部候補生学校を卒業したての初級幹部も同様である。

それでは戦車乗りになるにはどのようなコースを進み、どのような教育を受けるのか紹介しよう。

自衛官候補生

自衛官になるコースとして最もオーソドックスなのが自衛官候補生である。「任期制自衛官」とも呼ばれる。約3か月間の基礎教育訓練を受けたあと、職種が決まり、2等陸士に任官。さらに約8〜13週間の特技教育を受けて部隊に配属となる。

職種が機甲科に決まり、戦車乗員になる自衛官候補生は特技教育で大型特殊免許（装軌車限定）を取得し、戦車乗員としての基礎知識・技能を習得する。特技教育（後期教育）修了後、部隊で戦車隊員として勤務を始めるが、すぐ戦車乗員として訓練に参加できるとは限らない。配属先部隊の事情にもよるが、たいていは先輩の陸士が装塡手や操縦手として勤務しており、部隊配属されたばかりの新人はしばらくの間、訓練の各種支援などに就くことが多く、戦車に乗る機会はほとんどないのが実情だ。

部隊で先輩陸士や陸曹に指導を受けながら経験を積み、運用訓練幹部をはじめとする幹部が頃合いを見て少しずつ戦車に乗る機会を与え「戦車に乗せても大丈夫」となってようやく戦車乗員に任命される。戦車乗りも長い下積みを経てようやく戦車に乗ることを許されるのだ。それまでは「早く戦車に乗りたい」という気持ちを強く持ちながら与えられた任務を黙々とこなす。戦車乗りなら誰もが通った道である。

一般曹候補生

曹を目指し、曹昇任後も幹部などへのキャリアアップなど、進路が広く開かれている一般曹候補生。6か月の一般曹候補生課程（前期：約3か月、後期：約3か月）を修了したあと、部隊配属となる。一般曹候補生は後期教育で大型特殊免許（装軌車限定）を取得し、戦車乗員としての基礎知識・技能を習得する。昇任は自衛官候補生とほぼ同時期であるが、陸曹昇任は選考のため時期は異なるものの、確実なので部隊で活躍する機会も比較的多い。

一般曹候補生もやはり部隊配属当初は下積みから始まるが、努力して早期に陸曹に昇任すれば戦車乗員として活躍が期待できる。戦車部隊は陸曹が中核であり、早ければ2等陸曹・1等陸曹でも戦車長として戦車を指揮するケースもある。また、幹部への道も開かれており、戦車部隊指揮官を目指すのならば部内幹部候補生試験を受験して幹部となり、戦車小隊長をはじめとする戦車部隊指揮官の道に進むことも可能だ。

防衛大学校・一般大学を卒業し、幹部候補生として入隊する幹部に対し、陸曹から幹部になる、いわゆる「叩き上げ」の幹部は豊富な部隊経験を持つため、3尉任官後も即戦力として活躍できる。

高等工科学校生徒

陸上自衛隊武山駐屯地（神奈川県横須賀市）内に所在する陸上自衛隊高等工科学校。かつては少年工科学校という名称で陸上自衛隊の技術陸曹を養成する学校であったが、教育体系が大きく変更され、2010年に高等工科学校として新たなスタートをきった。

高等工科学校での3年間の教育のあと、各方面隊の陸曹教育隊での共通教育、各職種学校での特技教育を経て19歳で3等陸曹に昇任し、部隊に配属される。数ある自衛官への道で最も早く陸曹になれるコースである。

機甲科職種を選択し戦車部隊に3等陸曹として配属された生徒出身者は配属後、すぐに戦車乗員に任命される場合がほとんどで、戦車陸曹として最も早く活躍できる。

一般幹部候補生

防衛大学校卒業者や一般大学を卒業し一般幹部候補生試験に合格した者、すでに自衛官で部内幹部候補生試験に合格した者は陸上自衛隊幹部候補生学校（福岡県久留米市）へ入校し、約1年間の教育のあと、3等陸尉に任官する。

一般幹部候補生で機甲科職種を選択した者は富士学校（静岡県駿東郡小山町）の機甲科部が実施する幹部初級課程（BOC：Basic Officer's Course）に入校し、機甲科初級幹部としての教育を受ける。

幹部初級課程では戦車乗員としての教育に加え、戦車小隊長としての教育も受けるため、多忙かつ厳しい課程である。部隊配属後はすぐ小隊長に任ぜられ、中隊長の指揮下で多くの陸曹・陸士を指揮統率しなければならない。

戦車に乗れば戦車小隊長として自車以下4両の戦車を指揮する。その後は機甲科幹部として経験を積んでいき、幹部上級課程（AOC：Advance Officer's Course）入校や戦車中隊長、部隊本部の要職等を歴任しながらさらに大隊長、連隊長を目指していくことになる。

高級幹部には機甲科出身の師団長・旅団長、方面総監、陸上幕僚長も多い。

筆者が進んだ「機甲生徒課程（TSC）」

筆者の自衛官人生は少年工科学校（現、陸上自衛隊高等工科学校）入校から始まった。かつての陸上自衛隊生徒は少年工科学校での3年間の生徒前期教育を修了し、卒業後は生徒中期課程として希望した各職種学校へ進み、おおむね1年弱の職種別教育を受け、生徒後期課程で部隊実習を履修する。これを修了すると3等陸曹に任官し、正式に部隊に配属という流れであった。現在、高等工科学校では教育体系が大きく変わり、卒業後の部隊配置までの流れも変わっている。

少年工科学校では富士学校機甲科部で実施される機甲生徒課程（TSC：Tank Student Course）は非常に厳しいと先輩からの口コミで現役生徒たちに知れ渡っており、生徒中期課程では高い目的意識と強い覚悟が求められる課程だった。

しかし、若き技術陸曹を養成する生徒課程の進路の中では唯一、整備教育のみならず戦闘の教育を受けられる課程でもあった。そのため、戦闘職種に進みたいと、あえて機甲生徒を希望する生徒の士気は非常に高かった。泣く子も黙る鬼の機甲生徒課程は、安易な考えで入校する生徒が耐えられるような甘いものではないことを筆者は入校後、身をもって知ったのである。

筆者が入校した頃の機甲生徒課程は大型特殊免許の取得から始まり、74式戦車および90式戦車、それぞれの操縦、射撃、整備をメインに教育を受けたが、さらに技術陸曹（整備員）として即戦力となるべく、戦車以外の車両や各種資器材の操作教育もあった。そしてこれだけ密度の高い教育にもかかわらず、教育期間はわずか8か月であった。

筆者が新隊員教育隊の営内班長として新隊員たちの教育に関わった際は「自衛官の基礎をたった3か月で叩き込むなんて短すぎる」と思ったが、8か月で戦車2車種の操縦・射撃・整備を叩き込むの

東富士演習場内の訓練コースで操縦訓練中の筆者。この時19歳。教官がすぐ後方に乗車しているので、指導の声もよく聞こえた。写真では確認できないが、教官は必ず落下防止のベルトを装着していた。

が任務である生徒班長以下、教務幹部、区隊長、助教や機甲科部教官の苦労が今になってしのばれる。

まして19歳の若者たちに戦車を操縦させ、何発もの砲弾や銃弾を撃たせ、戦車の細部まで整備させるのである。真剣さが足りない状態で戦車に乗ったり触れれば大事故につながる可能性もある。そして部隊では同じ戦車に乗るかもしれない。何より短期間で高度な知識と技術を持ち、部隊で即戦力となる隊員に育てなければならない。だからこそ、自然と厳しい声が飛ぶ。厳しい教育指導はいわゆる「愛の鞭」であったと今は思う。

ちなみに、当時は74式戦車が陸自機甲戦力の主力装備であり、90式戦車は北海道、第7師団隷下の第71戦車連隊が配備完了、第72戦車連隊に配備が進んでいる時期であり、機甲生徒課程においても74式戦車を使用した教育の比重が大きかった。

機甲生徒課程修了後、筆者が最初に配属された部隊、第9戦車大隊は74式戦車を装備する部隊であり、配属後すぐ乗員に任命され、装塡手、操縦手として任務を遂行した。

当初は「こいつ本当にできるのか」と不信感たっぷりで筆者を見ていた上級陸曹や経験豊富な若手隊員たちにも、訓練や演習に参加するたびに認められるようになった。まさに機甲生徒課程での厳しい教育訓練の賜物であった。

コラム❷演習場での譲り合い――ハンドサイン

読者の皆さまも、ほとんどの方が自動車やバイクを運転されるだろう。一般道においてはマナー遵守や譲り合いが見られるが、これは演習場においても同様である。

戦車の場合、訓練の規模にもよるが、複数で移動することが多い。演習ともなれば随行する車両も含め、

10両以上の車列で移動することもある。広大な演習場といえども、道はクモの巣のように張り巡らされており、主要道といえども必ずしも幅が広い道路ばかりではない。

では、すれ違いができない場所で、車列同士が鉢合わせした場合はどうするか？　ここで譲り合いをするわけだが、戦車などの重車両を含んだ車列や、車両の数が多い車列が相手に譲る場合が多い（もちろんケースバイケースではあるが）。譲る側はできるだけ道路の端に寄り、向かってくる車両が通行しやすいように道路を開放する。譲る側の先頭車両の車長は相手側先頭車両の車長に「先にどうぞ」と手で示す。無線が使用可能であれば互いに通話できるが、相手の使用周波数がわからないので交信できない。

すれ違う時は必ず先頭車両の車長同士、敬礼するのが常だ。車列が流れると、譲った側（待機中）の車列の先頭車両の車長と最後尾車両の車長は相手車列の車長に注目する。そして今度は譲ってもらった側の車長が譲ってくれた相手に、この車列があと何台で通過完了するかを伝える。おおむね車列の最後尾から4～5両目くらいの車長からハンドサインを出す。

手のひらを開いて相手に向ければ指が5本、つまりこの車両は最後尾から5両目です、というように、指の数で自分が最後尾から何両目なのかを相手の先頭車両の車長に伝える。譲られた側の最後尾車両の車長は両腕を交差させ、バツの形を作り（自分が最後尾、後続車両なし）を示す。

それを見て譲った側の車列の最後尾車両の車長は相手の最後尾車両の通過完了を確認後、無線で車列の先頭車に報告し、先頭車両は安全を確認し行進を再開する。

第6章　74式戦車乗員の役割とその動き

戦車乗員の役割

戦車乗員にはそれぞれ役割があるが、何らかの理由で欠員が出ても戦車を動かし戦闘を継続できるよう、それぞれの能力には重複する部分もある。たとえば、戦車の操縦、砲弾の装塡、無線交信などは乗員全員ができる、といった具合だ。

以下、各乗員の役割や任務を示すが、あくまで基本的な部分であり、状況によって臨機応変にほかの役割・任務が付与される場合もある。

●戦車長……各乗員を掌握、指揮し戦車を単車として〝動かす〟。戦車砲をはじめとする火砲火器の射撃も行なう。

●砲手……戦車砲をはじめ火砲火器の射撃。車長が何らかの理由で任務を続行できない場合は戦車の指揮を執る。
●操縦手……戦車の操縦、主に車体各部の点検、軽整備。
●装塡手……砲弾・銃弾などの装塡、車載機関銃の整備、各種状況下での下車警戒など。

また各乗員共通の役割として、目視または各種視察装置を利用しての索敵・警戒がある。

次に、各乗員の役割と動きをさらに細かく説明しよう。

装塡手——ルーキーとはいえ、その責任は重大

まず74式戦車乗員に任命されると、最初は装塡手として配置される。階級的には1等陸士から3等陸曹が装塡手に任命される。

主な任務は役職名の通りで、105ミリ戦車砲弾や12・7ミリ、7・62ミリ各機関銃弾の装塡、薬莢回収であるが、そのほかにも74式車載7・62ミリ機関銃の整備、状況により12・7ミリ重機関銃射手、目視およびJM6潜望鏡を使用しての周辺・対空警戒などがある。戦車乗員の最初のステップである装塡手だが、その責任は重大である。

砲弾の装塡は装塡手の主任務であり独壇場である。射撃訓練時に弾薬交付所で砲弾を搭載する際は、装塡手は戦闘室に残り、砲弾の搭載を待つ。作業において若い隊員はほかの隊員よりも速く体や

手を動かせ！　と厳しく指導されるが、この際は装填手が砲弾搭載の責任者となる。砲弾がハッチまで送られてくると、それを受け取り、任意の弾薬架に砲弾を格納し、落下防止のハンドルをかける。この際、砲弾の格納位置は特に指示がない限り装填手の判断に委ねられており、装填手は迅速な装填のため、砲弾を取り出しやすいベストな位置に砲弾を格納する。

射撃時は車長の号令で指示された弾種の砲弾を取り出し、さらに装填の号令で戦車砲の薬室に砲弾を装填する。徹甲弾（ＡＰＤＳ／ＡＰＦＳＤＳ）や演習弾（ＴＰ）は先端が尖っているので、ぶつけないよう特に注意が必要だ。

撃発後は薬莢が自動排出されるが、次弾装填が必要な場合、空薬莢は戦闘室底部に転がしたまま装填を続行する。排出直後の薬莢は高熱を帯びており、厚い皮手袋を着用していても熱を感じるほどである。そのため、状況によっては薬莢を転がしたままにしておき、ある程度熱が冷めてから弾薬架に格納していた（実戦であれば装填手ハッチの投棄窓から投棄することになる）。

74式車載７・62ミリ機関銃の銃架への搭載・点検・弾薬の装填・薬莢回収・故障探求なども装填手の任務である。そのため、装填手は機関銃の構造や整備・分解要領についても精通していなければならない。

74式車載７・62ミリ機関銃は部品数が多く構造も複雑で、戦闘室内での故障探求や分解整備には非常に気を使った。射撃時にも機関部への潤滑油の塗布をまめに行ない、異常がないか常に目を配る。

機関銃射撃は基本的にソレノイドを使用した自動発射で行なわれるが、装塡手による手動発射も可能である。また、リンクで結合された7・62ミリ弾の残弾数を目測で砲手に伝達するのも重要な任務であった。これは特に教育で指導されることではないのだが、部隊において口伝で学ぶ要領である。砲手にとっては機関銃の残弾数が把握できれば、射撃時、複数の標的に対して効果的に射弾を撃ち分けられるという利点があり、これもクルーコーディネーション（乗員連携）の一環である。

乗員は全員ヘッドセット（ヘッドホンとリップマイクを一体化させた機器）と胸掛け開閉器ＪＨ-Ｆ２（通称「亀の子」。ボタンが二ついており車内・車外通話がそれぞれ可能。車内用ボタンはロックすれば常時通話・ホットマイクになる）を装着し、延長コードを介して各席にある制御器に接続する。

戦闘室内で最も体を動かす装塡手の場合、延長コードが動作の邪魔になることが多いため、射撃時は体に一度巻きつけておくのが常であった。こうすればコードが体の前でぶらつくこともない。また、これも射撃時だが、車内通話ボタンをロックし、常時通話状態にすることが多かった。この状態ならば多忙な装塡作業中にそのつど胸掛け開閉器に手を伸ばして通話ボタンを押す必要がない。これらも訓練などで先輩から教えてもらったり、自ら身につけた方法である。

これ以外にも装塡手は各種作業やほかの乗員の世話など、非常に多忙な役職であるが、戦闘室内で唯一、ほかの乗員の動作を一挙に見渡せる位置におり、各員の動きを見て学ぶことができ、これは

「見取り稽古」と呼ばれた。

特に装填手の次に任命される操縦手、その操縦技術を盗もうと戦闘室から操縦席を覗き込んで操縦手の一挙手一投足を目に焼き付けようとしたものだった。装填手はこうして戦車の〝動かし方〟を体得するのである。

操縦手――常に考えながら戦車を動かす

陸士長や3等陸曹（ごくまれに2等陸曹）が配置される。装填手からステップアップして操縦手になる隊員がほとんどだが、機甲生徒課程や曹候補学生（曹学）出身の若手陸曹は教育課程で高等操縦訓練を受けており、部隊配属後、すぐ操縦手に任命されることが多かった。

操縦手は装填手と比べ、集中して任務に就けるポジションである。その任務を簡単に言ってしまえば、戦車を動かすこと、それだけだ。しかし、真の戦車操縦手は車長の指示通りに戦車を動かせるか、車長の意図を汲み取れるか、砲手が射撃しやすい位置・姿勢を考慮して戦車を動かせるか、敵に発見されず射撃を受けない進路を選定して前進できるかといったことを常に考え操縦しなければならない。

また、晴天や舗装路面といった好条件でのみ操縦するわけではない。むしろそのような良い条件の操縦の方が少ない。悪天候・悪路・夜間・水中・敵脅威下といった悪条件での操縦技術が要求されるのである。さらに、4名の乗員の中では車体整備の責任者でもあるため、戦車の構造と機能を熟知し、故障・異常が発生した際は率先して修理・復旧にあたらなければならない。操縦のみならずそれらに対応できる知識、整備能力も要求されるのである。

74式戦車の変速はセミ・オートマチックであり、クラッチ操作は発進・停止の時だけである。変速はレバー操作のみで、変速の困難さで有名な61式戦車に比べると格段に操縦性はよくなった。

変速レバーはアルファベットの「T」のような形状で、外見からすると上部を握って変速するものだと思ってしまうが、この方法で変速すると任意の速度段を飛ばして変速してしまう欠点があった。これは変速レバーの作動が非常に軽く、レバーの下にあるカバーの切り欠き部分が浅いためであった。そのため、実際はレバーの根元を握って増減速した。

操向は操向レバーの押し引きで車体を旋回させる。操向レバーの動きに非常に敏感かつ素直に反応するため、操向操作は容易であった。しかし、操向機構の特性上、大きく操向レバーを引くとエンジン回転が下がるため、速度発揮中の旋回やクイックな旋回時にはアクセルを踏み込み、エンジン回転を上げ、吹かしながら旋回する必要があった。

また、操向レバーにはサイレンのボタンが設けられており、エンジン始動時や後進開始時など、周囲に注意喚起する場合によく使用した。

計器類は速度計と回転計が正面、その他の計器が右側のサイドパネルに配置されていたが、サイドパネルにも走行に直接関係する重要な計器があったため、走行中に真横を見て確認しなければならない時があり「改善の余地大いにあり」と感じたものである。

また正面の速度計・回転計は一般の自動車同様、走行中に確認すべき重要な計器だが、自分はほとんど確認することはなかった。速度は開放操縦（ハッチを開放し顔を出して操縦）でも密閉操縦（ハッチを閉鎖し、視察装置で外の様子を見ながら操縦）でも、周囲や景色を見ながら概略の速度を判断して速度調節を行なった。

例外として、駐屯地記念日などの観閲行進では速度が指定され、隣や前後の戦車と一定の間隔を維持するため、速度やエンジン回転を確認しながら操縦する。

エンジン回転計はスムーズな増減速のためには不可欠な計器だが、こちらもほとんど見ることはなかった。その代わりに、耳を澄ませてエンジン音を増減速の目安にしていた。ヘッドセットで耳を完全に覆っていても、74式戦車の独特な甲高いエンジン音はよく聞こえる。

増減速の際はアクセルで回転数を調整しながらレバーを操作する。スムーズな増減速は車体の動揺が少なく、ふだんは乗員に余計な疲労を与えず、戦闘間においては特に砲手の視察・照準を容易にさせ、ひいては効果的な索敵や的確・迅速な射撃に寄与するのである。

そのほか特殊な状況での操縦に夜間操縦と潜水渡渉が挙げられる。

乗車前に戦車の前に整列した74式戦車乗員。左から車長、砲手、操縦手、装塡手である。この後、車長の「任務呼称」の号令で各乗員が自分の役職を呼称し、続いて「乗車用意」の号令で回れ右をして戦車に正対。「乗車」の号令で乗車する。

砲手——一撃必中を追求！　戦車の実質的中心となる乗員

砲手は3等陸曹から1等陸曹が配置される。砲手席は車長席の前部にあり、足から滑り込むようにして席につく。車長用ハッチからはまったく確認できず、74式戦車を視察した米軍高官が車長席を砲手席と思い、「車長はどこに座るんだ？」と聞いたという話もあるほどだ。

砲手席はほぼ射撃関連の機器に囲まれ、非常に窮屈である。前面に砲手用照準潜望鏡J2と砲手用ハンドル、右側面に方向角指示器と弾道計算機、通称「弾計」があり、ＦＣＳといえばこの弾道計算機を指すことが多い。

戦車の行動全般を指揮するのは車長だが、射撃関連の準備などは砲手が仕切ることが多い。特に戦車砲、車載機関銃の必中の基本となる野外照準規整（ボアサイト）における各機器の規整は砲手が車長、装填手の支援を受けながら実施する。この野外照準規整が射撃の精度に直接影響するため、特に慎重に行なわれる作業である。

射撃時は車長の指示に従いながら各種装置を操作し、的確な射撃を行なう。自らの目で目標を捉え、砲弾や銃弾を命中させた時の達成感は非常に大きい。部隊によっては「砲手会」といった名称で射撃時のビデオ映像を見ながら反省会や研究会の場を設け、練度向上の一環としているところも多い。

装填や操縦に比べ、その任務に職人的な要素のある砲手は、一段と難易度の高いポジションではあるが、そこにやり甲斐を感じ、砲手に〝ハマる〟者もいる。

戦闘時は射撃のほかに砲手用視察潜望鏡、通称「1倍鏡」を使用しての視察・索敵も行なう。また、車長の次席者であるため、下車偵察や報告・命令受領などの理由で車長が戦車から離れなければならない場合は車長不在間、砲手が戦車の指揮を執る。

砲手の射撃訓練は何も実弾訓練だけではない。戦車砲や車載機関銃の空包射撃はその音と衝撃だけでも実射の感覚を体感できる。

中隊パーク（駐車場）にはよくアルファベットや螺旋状の模様のようなものが描かれた看板が設置されているが、これは操砲訓練に用いられる標的で、砲手は照準潜望鏡を覗き、鏡内のレティクルの中心で模様をなぞるように砲手用照準機ハンドルを操作し、砲塔・砲の微妙な操作を演練する。

74式戦車の砲塔は砲手用照準機ハンドル、車長用照準機ハンドルの入力操作に敏感に反応するため、急激な操作はよくない。かといって目標への砲の指向が遅ければ自車を危険にさらすことになる。そういった砲塔旋回・砲俯仰の操作の微妙な要領を操砲訓練を繰り返すことで体得するのである。

また、究極の砲手用訓練教材といえば、射撃シミュレータであろう。砲手席をほぼ完全に模した筐体内で、ＦＣＳの操作も実車同様に可能である。ただし、シミュレータが置かれている施設、駐屯地は限られているため、シミュレータ訓練はなかなか受けられないのが実情であった。

余談ながら現在、パソコンやテレビゲームで戦車のゲームがいくつかリリースされているが、どれも精巧に戦車の挙動や射撃要領が再現されており、実際のシミュレータと比べても遜色ないのではと感じるほどである。砲手たる戦車乗員も余暇にゲームでイメージトレーニングをしているかもしれない。

車長——乗員や状況を掌握しつつ戦車を動かす難しさ

戦車長は幹部をはじめ、陸曹長や1等陸曹クラスの上級陸曹がその任に就く。筆者が部隊にいた頃は階級にしても戦車乗員としても、まさに〝叩き上げ〟の戦車長が多く、怒鳴られることもよくあり、戦車に乗るのも緊張の連続であった。

しかし、何十トンもの鉄の塊である戦車に搭乗し、砲弾や銃弾類を扱うということは、常に危険と隣り合わせであり、少しの油断やミスが重大な事故につながる。〝鬼軍曹〟の厳しい指導や指揮は次代の若い隊員へと引き継がれ、あらゆるトラブルの懸念なく装備の性能を最大発揮できる精強な戦車乗員の育成につながるのだ。

戦車連隊長や戦車大隊長はもちろん、中隊長や小隊長も車長として戦車に搭乗する。自ら搭乗・指揮する自車だけでなく、指揮下にある何十両もの戦車を指揮するのだから、その多忙さは想像を絶する。

筆者が車長を務めたときは自分の戦車を掌握するのに精いっぱいであった。各乗員に指示を出し、戦車を前進させ、索敵し、敵を発見したら射撃。小隊長の命令に従いつつ、僚車や周囲の状況も確認。兎にも角にも多忙なのである。

一人前の車長になるには相当な訓練を積まなければならない。戦車とその乗員をよく掌握し、自車を「有機体」のように動かすためには各乗員の任務も熟知しなければならず、名車長に叩き上げが多いのはもっともだと思う。

また個人的には、戦車長には「適性」が必要だと思っている。具体的に車長に向いているのは広い視野をもって状況を把握し、複数の作業を同時に行なえる「マルチタスク型」の者である。

筆者は完全に「一点集中型」なので車長の訓練は苦労したが、反対に「一点集中型」で目前の任務に集中できる装填手・操縦手としてはどこの部隊の誰にも負けないという自負があった。

余談ながら戦車教導隊（当時）の74式戦車操縦手と互いの操縦技量をめぐって「俺の方が上手い」「一般部隊を舐めるな。俺が上だ」と口論になったこともあった。

コラム❸戦車乗員に欠かせない「人間の感覚」

近年、ロシアのT‐14のように無人砲塔を搭載した戦車が登場し、また、視察装置の性能向上により、カメラ・センサー重視の視察が多用されているようだ。狙撃や爆発から車長など、砲塔内の乗員を保護すると

どれだけ監視技術が進化・向上しても、人間の感覚に頼る場面は多い。

いう意味ではよい傾向だと思うが、筆者個人の経験からすると、やはり車長はハッチから顔を出して視察するのが有効と考える。これはもちろん危険性を考慮したうえでの意見である。

戦車は走行間、進路と速度を常に変化させ、砲塔は索敵や射撃のために左右に旋回する。車長席の中に潜ってしまうと、車体と砲塔の向きの違いに非常に違和感を覚え、また、地形や敵情といった外部の状況確認が限定的になるのもかなりのストレスである。いくら技術が進歩し、機械による自動化が進んでも、そこに人間が介入する部分があるならば、その場合はやはり人間による判断・操作を優先すべき場面も頻繁に出てくるだろう。

戦車がどんなに進化しようと戦車乗員の人間としての感覚は大事にすべきであり、特に車長による肉眼・感覚での視察・指揮はこれからも必要と考える。

第7章　戦う74式戦車、その戦闘と戦術

戦闘における戦車部隊の編成

陸上自衛隊戦車部隊の運用は戦後のアメリカ軍教範を翻訳したものに基づいて始まり、部隊編成、装備品が変化していくのに合わせて運用要領もそのつど見直され、日本独自のものに変化していった。

単車や戦車小隊（4両）の行動も当初はアメリカ軍教範に倣ったものと思われる。現在、教範は日本独自のものとはいえ、アメリカ軍での戦車の行動要領と共通点が散見されるからだ。ただ、各国の現用戦車の性能がほぼ同等となった現在、その行動要領が似通ってくるのは当然と言えるかもしれない。

有事の際、陸上自衛隊の各師団・旅団では諸職種協同の戦闘団（CT：Combat Team）が編成さ

れる。戦車大隊は分割され、各戦車中隊は普通科連隊戦闘団（ＲＣＴ：Regimental Combat Team）に配属される。普通科連隊戦闘団は文字通り普通科連隊を基幹とし、戦車中隊、特科大隊、施設中隊、高射小隊等で編成される。

北部方面隊の第7師団は3個戦車連隊を有しているが、こちらは戦車連隊戦闘団を編成、戦車連隊を基幹とし、これに普通科中隊、特科大隊、施設中隊、高射中隊などが配属される。

筆者の所属部隊は師団の戦車大隊隷下の戦車中隊だったので、戦闘団検閲などの演習においては普通科連隊配属戦車中隊として行動した。配属戦車中隊はさらに小隊に分かれ、その火力と防護力、機動力を活かして戦闘団各部隊の行動を支援することが多いが、いざ攻勢となると、対機甲戦闘の尖兵として行動した。

74式戦車の攻撃要領

ここからは、筆者の各種訓練や演習での体験を基に戦車部隊の実際の行動を記す。ただし、戦車の行動は任務や地形などの条件に大きく左右されるものであり、これはその一例である。また、ここでの部隊の単位は基本的に戦車小隊（74式戦車×４両）である。

●集結地における攻撃準備

攻撃前進開始前、戦車中隊は敵の偵察から発見されにくい森林など隠蔽・掩蔽良好な場所を集結地として選定、進入し、各車間隔をとりながら警戒できる体勢で待機、音による我の行動の察知を避けるため、エンジンを停止する。この間、中隊長は各小隊長に攻撃命令を下達、攻撃要領・統制事項を確認する。各小隊長は中隊長から受領した命令をさらに各車長に下達する。統制事項は一例として、

攻撃開始時間
攻撃開始線（LD：Line of Departure）
攻撃方向の中心軸（AXIS（アクシス））
攻撃隊形
特科部隊への射撃要求要領
進路上の障害対処要領
集結地からの発進時間
灯火管制
通信管制などである。

●前進開始
命令下達後、各車に戻った車長は乗員に爾後の攻撃要領を説明し、意思の統一を図る。

陣地に進入し待機する74式戦車。上空から発見されないよう、戦車の上には偽装網（バラキューダ）を展張している。

集結地発進時間の数分前に小隊長の号令で全車同時にエンジン始動、速やかに前進開始の隊形に移り、発進時間に小隊長の号令で前進開始。

●攻撃前進

攻撃前進間は各車ごとに小隊長が示した警戒方向に砲を指向し、乗員はそれぞれ示された方向を警戒する。前進間に敵と遭遇、交戦となる場合もあるので、小隊長以下全乗員が状況に応じて柔軟に対応できる態勢をとる。

●敵の兆候

攻撃前進間、警戒するにあたり、敵の兆候を見逃さないことが重要だ。敵が戦車の場合、走行音（装軌音）が聞こえたり、走行で巻き上がる砂塵が見える場合がある。実戦においてはこのほかに至近への着弾や発砲音・発砲炎が確認できるだろう。

●接敵・交戦

敵の兆候や敵の姿を発見次第、小隊は戦闘を開始する。小隊長は戦闘状況、敵情、地形などから最適の攻撃要領を判断し、小隊各車へ隊形変換、敵の位置、目標付与、射撃号令等を下令、同時に戦車中隊長に報告する。各車は小隊長の指揮のもと、各車連携しながら射撃と機動を繰り返し、敵を攻撃、撃破する。

●戦闘終了

小隊がすべての敵を撃破、もしくは敵が後退した場合、小隊長は中隊長に報告、爾後の指示を受ける。小隊長は小隊の状況（残弾数、被害など）を掌握したうえで次の行動に備える。

さまざまな攻撃要領——敵を全車撃破！

ある演習では戦闘団長が黎明の総攻撃を決心、戦車中隊は攻撃部隊の尖兵として敵陣に対し突撃を敢行、敵陣直前で攻撃成功の判定とともに状況終了となったことがあった。何両もの74式戦車が砂塵を上げ、砲を敵陣に指向しながら突入する姿は、いにしえの騎馬武者の突撃を彷彿とさせ、装填手ハッチから見たその景況と興奮は今でも鮮明に覚えている。

また、別の演習では単車で丘の上に移動の指示を受け、そこに行くと普通科連隊所属の60式自走106ミリ無反動砲が1両、陣地占領しており、協同戦闘を行なうことになった。車長は下車し、自走無反動砲の車長と攻撃要領を打ち合わせた。丘からは主要道が明瞭に確認でき、この道路を前進してくる敵部隊を待ち伏せ、攻撃する。丘の頂上は木が生い茂っており、隠蔽には良好な位置だった。配置についてからしばらくすると小隊規模の敵戦車（実際は戦車を示す標識板を付けた3トン半トラックだったが）が我が方に向かって来るのを発見、両車ともに迅速な射撃で敵を全車撃破した。

「まさか、この急斜面を登るのか？」

我が部隊が攻撃前進を実施する際、敵がそれを察知したらどうするだろうか？

敵は迎撃の態勢に移行するはずだ。そして我が部隊の前進を止めるためにあらゆる手段を用いるだろう。

攻撃前進の際、攻撃側は迅速に前進するために広くまっすぐな道路や啓開（けいかい）（通行のため障害物などが排除）された道を前進経路にしたいと考える。だが防御側はそういう道こそ閉塞（へいそく）したいと考えるものだ。そのため、いざ攻撃前進を開始すると、こういった道は対戦車地雷が埋設されていたり、敵が対戦車火器などを携行して潜んでいることが多い。

地雷原がある場合、施設科部隊に処理を頼むか、間髪入れずに攻撃前進を継続したい場合は前進経路を変更し別経路を前進するなど、眼前の状況に対処していく。

ある演習で攻撃前進開始直後に前進経路が地雷原で閉塞されており、経路変更を余儀なくされたことがあった。しかし側道など、適当な別経路が見つからない。操縦手だった筆者は車長の指示通りに戦車を走らせた。

「停止用意……止まれ」車長の指示で停車する。

視察装置から見えるのは一面の草と土だ。ここは……？

ハッチを開放して外を見ると、戦車は急斜面に正対して停まる格好だった。斜面には部隊は不明ながら、味方の隊員が数名、小旗を斜面に差している。

ハッチを閉鎖する。まさか、この急斜面を登るのか？

「C1曹」車内通話で車長を呼ぶ。

「何だ」

「ここを登るんですか？」

「そうだ。今、施設（科）の隊員が旗で経路を示している。そこを登るぞ」

「かなりの急斜面ですよ。登れますかね？」

「大丈夫だ。登れる」

（大丈夫かな……。こんな急斜面は操縦訓練でも登ったことがない。まあ、行けと言われたら行くしかないが）

やがて、経路指示が完了し、車長の指示でエンジンを始動した。

「伊藤、ギアは1速。斜面でアクセルを抜くなよ。一気に頂上まで登れ。大丈夫だ、登れるから」

「了解」

「前進用意！」

前進用意でギアを1速に入れる。同時に車体に軽い振動。ギアが入った。通常は2速発進であり、1速で発進することはめったにない。

「前へ！」

斜面に突っ込むと思いきや、体が傾き、空が見えた。戦車は斜面を登っている。エンジンが甲高い音をあげる。まるで戦闘機の急上昇だ。

「いいぞ。そのまま。方向に注意しろ」車長の声は落ち着いている。

「了解」こんな急斜面でも登るもんだな……。操向ハンドルを微調整しながら思った。

（もう少しで頂上だ、行けっ！）

視察装置の下方に見えていた地面が見えなくなり、視察装置には空だけが映った。

そして、衝撃。視察装置から森と道路が見えた。頂上に着いたのだ。

「後続の戦車の道をふさぐな。もう少し前に出ろ」

「了解」

登り切った……。ナナヨン、大したもんだ。

「伊藤」

「はい」

「な？　登れたろ？　戦車はこれくらいの斜面なら余裕で登るぞ。覚えておけ」

じきに小隊全車が頂上に到着、小隊は引き続き攻撃前進に移った。

戦車の高い登坂能力と、攻撃前進時は時に大胆な経路選定も必要なことを実感した出来事であった。

74式戦車の防御要領

防御戦闘は準備が肝要であり、時にその準備には多大な労力と時間を要するが、時間と手間をかけた防御態勢は敵の攻撃に強固に耐える。

中隊長から防御準備の命令を受けた小隊長は配置された地域で防御陣地の構築要領を検討し、各車長に陣地および予備陣地の位置を指示。車長は指示された位置で防御陣地を構築する。

施設科部隊の支援を受ける場合は、ドーザーで大まかに掘ってもらい、細かい部分は戦車乗員が土工具で自ら工事する。

防御陣地が完成したら、戦車を進入させ、射界の清掃と視察装置からの視界を確認する。射撃や視察を妨げる草木などは排除し、また掘った土砂が目立たないように除去し、陣地と戦車の偽装を再度行なう。状況により偽装網（バラキューダ）を展張し、敵の航空偵察に備える。

防御陣地の位置選定においては、小工事で陣地にできるような地形があれば積極的に利用する。陣地を構築する時間がない場合は、傾斜地などを利用し姿勢制御で射撃態勢をとることもある。

積雪時はとにかく雪を積み上げ、戦車を隠すように陣地を構築する。施設科のドーザーの一押しで陣地全面の雪が積み上がるので、あとはそれを崩しながら雪を積み固めていく。ドーザーは土も掘り起こすので、雪中の工事とはいっても雪中用の防寒戦闘服が泥だらけになることもよくあった。

陣地進入と警戒

すべての防御準備が完了すると、戦車を陣地進入させ、警戒態勢に入る。ここまでの動きは上級部隊から伝達される敵の位置や行動により変化する。接敵（せってき）が予想される時間まで余裕があれば防御態勢の確立、陣地構築に時間を費やせるが、敵の動きが速く、接敵までの余裕がなければ前述したように応急的な防御態勢で防御戦闘を行なうことになる。

冬期演習において、射撃陣地に進入、警戒する74式戦車。車体部を隠し、砲塔を露出させている。この状態でいれば、敵に対し即座に射撃できる。

警戒間は戦車のエンジンを止め、各乗員は敵の兆候の発見に努める。戦車や装軌車両の走行音（装軌音）は遠距離でも聞き取れるので、装軌音を確認したら接敵は近いとみていい。

敵発見！防御戦闘

装軌音を確認後、敵が正面に現れれば無線交信が増える。車長はどの位置に何が現れたのかをよく聞き取り、状況を逐次把握して交戦に備える。また、自車が他車より先に敵を発見する場合もある。車長は小隊長に敵発見を報告し、交戦許可が下りれば交戦、射撃をもって戦闘を開始する。

偽装された陣地とはいえ、いつまでも同一箇所で戦闘を続けていれば敵も自車や陣地の位置に気づく。中隊長は状況をみて各小隊へ予備陣地への移動を命じ、爾後の行動を示す。

もっとも防御側が最初の交戦で敵先遣を撃破し、敵の攻撃前進を食い止められれば防御戦闘はひとまず成功、戦闘団長は敵が爾後の行動に移る前に隷下部隊に次の防御要領を下達する。

実際の対戦車陣地

筆者が現役の時、部隊で一度「陸幕指命演習」を経験している。師団あげての大規模な演習となり、所属中隊は演習において対抗部隊（仮設敵）を命じられた。

演習はいくつかの命題が付与され、その一つだった対戦車戦闘演習に参加した。演習部隊（防御部隊）は対戦車防御陣地や各種障害を構築し、攻撃してくる対抗部隊の戦車を撃滅するというものだった。

この時の陣地や障害は有事に実際に構築されるもので、ふだんの演習でよく用いられる「想定」は一切なしであった。工事は長期に渡り、陣地や障害に使用する資材は主に演習場内の木であり、大規模な伐採をしたことで、景況がすっかり変わってしまった地域もあった。

工事が完了すると、部隊を実際に動かして検証が行なわれた。この時に見た対戦車障害でいちばん驚いたのは対戦車壕である。深さ、幅ともに非常に規模が大きく、どこの国の戦車や戦闘車両もこの壕を突破するのは不可能と感じた。もちろん人員も渡れない。飛び降りれば骨折は免れそうにないほどの深さ。そして壕の先には対戦車火器を携行した隊員が潜んでいる。

対抗部隊の戦車が機動力を活かして前進してきても、対戦車壕に落下するか、気づいて停止しても対戦車火器の餌食になる様子が思い浮かんだ。敵が前進継続を企図するなら工兵による架橋が必要だが、山中に巧みに偽装して潜む防御部隊の砲火の中、架橋するのは非常に困難であろうと感じた。また、丸太や杭を使用した障害も対抗部隊の戦車としては非常にやっかいな障害であった。無理に突っ込んでも底部につっかえたり転輪などに挟まれば行動不能になる。

障害除去の時間的余裕がなく、閉塞地域を迂回しようとすれば防御部隊の思惑通りとなり、限られた前進経路に引き込まれ、あとは一斉射撃を受けて大損害か全滅だ。

対抗部隊「役」とはいえ、防御部隊の陣地を攻撃・奪取せんと果敢に攻撃前進するも堅固な陣地、障害による前進阻止、そして火網にかかり全滅する結果になってしまった。いかに戦車といえども他職種部隊と密接な協同なしでは手も足も出ないことを実感した。

余談ながら、この陸幕指命演習中、状況を中断して陸上幕僚長の視察があり、その時、顔面を偽装したドーランがすっかり落ちていることに気づいた筆者は、足元が前日の雨でぬかるんでいることに気づき、サッとしゃがんで両手で泥をすくい上げ、顔面に塗りたくって素肌を隠した。幸い（?）幕僚長や同行の幕僚に見とがめられることはなかった……。

74式戦車の戦術

攻撃および防御で74式戦車はどのような射撃や機動を行なうのか。戦車自体の戦い方、動き方に目を向けてみよう。

●躍進射撃

躍進射（やくしんしゃ）は74式戦車の射撃で多く用いられる。

小隊が横隊の隊形で警戒しつつ前進を開始する。敵を発見次第、停止して小隊長の示した目標を射撃、目標を撃破したら前進を再開する。これを繰り返しながら敵陣に攻撃前進する要領である。

躍進射では敵の早期発見が鍵となる。そのため、躍進間は全乗員が示された警戒方向を中心に目視で索敵し、敵の早期発見、迅速な撃破に努める。

●行進間射撃

文字通り戦車が走行（後進含む）しながらの射撃法である。74式戦車は戦車砲および車載機関銃どちらの行進間射撃も可能である。砲安定装置を作動させ、正確な射撃が可能だが、照準・射撃は砲手または車長が行なうため、どちらの乗員にも高い練度が要求される。

交戦距離が比較的長い場合などは戦車砲による行進間射撃、攻撃前進の最終段階で敵陣に突入する場合などは速度を発揮し車載機関銃で敵陣に制圧射撃を加えながら突進する。

●稜線射撃

姿勢制御を利用し車体を前傾させ、斜面を利用して微速で前進、砲手が敵を確認次第、停止して射撃する。敵には74式戦車が現れる位置の特定はできず、射撃時も車体遮蔽（車体部が隠れている状態）であり、戦車の暴露面積も最小にできる。

射撃後は迅速に後退し、完全遮蔽（砲塔まで完全に隠れる状態）の位置まで後退する。なお、稜線射撃をする際は基本的にアンテナを前方に倒し、砲塔上の12・7ミリ重機関銃にも偽装を施す。敵が稜線を監視している際、最初に稜線上に現れるのは74式戦車の場合、砲塔上の12・7ミリ重機関銃であるためだ。

稜線射撃は富士総合火力演習においても展示されており、その要領についてはおおむねイメージがつかめる読者も多いだろう。

●夜間射撃

現用戦車の夜間射撃における照準は熱線映像装置によるものが主流であり、74式戦車のように投光器による赤外線または白色投光で目標を照射する、いわゆる「アクティブ式（投光）」は現在、ほとんど使用されていない。

アクティブ式が赤外線および白色投光どちらにおいても敵に発見されてしまうという短所があるのが理由の一つだが、目標の熱などを検知、映像化し、敵に発見されることのない、いわゆる「パッシブ式」の熱線映像装置による夜間の視察、照準能力が飛躍的に高まり、現在ではそれが現用戦車の標準装備となっている。

74式戦車G型（74式戦車改）は熱線映像装置を装備したが、本格的な増産、配備は見送られてしまった。

では夜間戦闘能力の能力向上がされていない74式戦車は夜間、いかにして射撃を行なうのか？

投光要領には「自車投光」と「他車投光」の二つの方法がある。自車投光は文字通り自車で目標を投光し射撃を行なう方法で、他車投光は投光担当の戦車が照射した目標を別の戦車が射撃する方法である。

どちらの投光要領で射撃する際も、照射・射撃は極力短時間で行ない、敵が容易に我が戦車の位置を特定できないよう努める。また、照射・射撃後は迅速にその位置から移動、陣地変換し、敵の捕捉、反撃を受けないよう行動する必要がある。

装備は前世代のものだとしても、戦い方次第では十分に敵と渡り合えるのである。

74式戦車出動す

2023年の時点で制式化から49年経つ74式戦車だが、ただの一度も敵と砲火を交えてはいない。しかし、自衛隊の任務の一つである災害派遣に出動した実績がある。これは戦闘でなくとも「実戦」であることには違いないだろう。

●雲仙・普賢岳噴火災害派遣

1990年11月17日、長崎県・島原半島中央に位置する雲仙岳（うんぜんだけ）、その多くの峰の一つである普賢岳（ふげんだけ）が噴火。翌月には小康状態になったものの、翌年の1991年2月12日に再噴火。これ以降、噴火が拡大して、5月には火口周辺に溶岩ドームが形成された。

6月3日16時8分、大火砕流発生。長崎県知事が自衛隊に災害派遣を要請。第16普通科連隊（大村駐屯地）をはじめ、第4師団隷下部隊、西部方面隊隷下部隊が災害派遣に出動した。

第4戦車大隊（玖珠（くす）駐屯地）は6月4日、74式戦車2両を災害派遣部隊集結地へ移動させ、待機に入った。しかし想定されていた火口付近の監視活動は第4偵察隊（福岡駐屯地）所属の87式偵察警戒車が担当し、74式戦車が監視活動に就くことはなかった。

このようなケースでは、74式戦車を監視活動に使用すれば、投光器で火口付近を照射し、昼夜間の監視活動が可能だ。また、足まわりは履帯であり、障害物があったり、高温の火山灰が積もる地域にも進出可能であり、ＣＢＲ防護装置を装備し戦闘室を密閉できるので、噴火による噴石の飛来や火山性ガスから乗員を防護できる。

●東日本大震災災害派遣

２０１１年3月11日14時46分、宮城県牡鹿半島の東南東沖１３０キロメートルを震源とする東北地方太平洋沖地震が発生。巨大な津波が発生し、東北・関東地方の太平洋沿岸部に甚大な被害をもたらした。

福島県双葉郡大熊町に位置する東京電力福島第1発電所では稼働中の原子炉1〜3号機が地震で自動停止し、同時に停電が発生。地下の非常用発電機が起動したものの、その後の津波で非常用発電機が水没。ほかの設備も被害を受け、全電源喪失となり、続いて炉心溶解、水素爆発が起き、原子炉建屋が損壊したのをはじめ周辺施設の周囲にその破片などの瓦礫が散乱した。

3月20日、福島第1原発の南約20キロメートルに位置するJヴィレッジ（サッカーナショナルトレーニングセンター。震災時は原子力災害対処の拠点として使用された）に静岡県・駒門駐屯地から74式戦車が2両到着、さらに78式戦車回収車、96式装輪装甲車も派遣された。

74式戦車の任務は発電所敷地内の道路啓開であった。そのため、派遣された戦車はドーザーブレード（排土板）を装備した「ドーザー戦車」だった。さらに、敷地内のアスファルトの路面を傷めないよう、ゴム履帯に換装されていた。

出動となれば放射能汚染状況下での行動となるため、CBR防護装置がある74式戦車は任務に最適であった。しかしながら、敷地内には多種多様の配管やケーブル類が通されており、これらを損傷させる可能性もあるとされ、待機を余儀なくされた。

第1戦車大隊の派遣部隊と74式戦車は約50日間、Jヴィレッジで瓦礫除去・道路啓開の訓練や準備を実施しながら待機していたが、5月には原子炉および使用済み核燃料プール冷却用の電源、コンクリートポンプなどのバックアップ態勢が確立した。

また、74式戦車に与えられた任務である発電所内の瓦礫などの除去用に無線操縦の土木機械が投入され、さらに状況の進展と共に原発の緊急時の危険性が低下したという判断が下り、派遣部隊は任務を解かれ、撤収した。

第8章 「常在戦場」を意識せよ！

戦車部隊における訓練

戦車部隊の1年間のスケジュールを見ると、各種訓練が占める割合は当然ながら大きい。部隊やその年度によって違いがあるが、おおむね春から夏は射撃や小・中規模実動訓練（小隊～中隊規模）、秋から冬は大規模実動訓練（大隊～師団規模および検閲）を実施するのが一般的だ。

ここでは戦車部隊における訓練がどのようなものか、筆者が所属していた第9戦車大隊（岩手県・岩手駐屯地）で実際に参加、経験したものを紹介する。

岩手山演習場の戦車射場において、目標に砲を指向しながら射線に進入する第９戦車大隊の74式戦車。馬上で矢をつがえる武者を彷彿とさせる姿だ。

射撃訓練

射撃訓練は段階的に実施することが多い。年度当初から戦車砲弾の射撃を行なうこともあるが、基本的にはまず車載機関銃の停止間射撃から行進間射撃を、次に戦車砲弾の停止間射撃、躍進射撃というように、次第に高度な射撃へとステップアップしていく。

岩手駐屯地は岩手県内最高峰の岩手山の麓に位置しており、さらに東北方面隊管内では最大面積を誇る岩手山演習場に隣接している。演習場には戦車射場もあり、ここで射撃訓練をする戦車部隊はもっぱら第9戦車大隊であり、実質的には大隊専用の射場であった。

筆者の在隊当時、ここで射撃可能な砲弾は多目的対戦車榴弾（HEAT‐MP）のみであり、粘着榴弾（HEP）と装弾筒付翼安定徹甲弾（ＡＰＦＳＤＳ）の射撃は粘着榴弾用の垂直停弾堤、徹甲弾用の徹甲弾ドームといった施設がある王城寺原演習場（宮城県）で行なわねばならず、１年に数度は王城寺原演習場へ移動して射撃訓練をした。

この移動訓練は戦車も自隊のものを使用するため、事前に輸送隊の運搬車（トレーラー）の支援を受けて戦車を王城寺原に移動させなければならず、手間と労力がかかった。現在は演習弾（ＴＰ）があるので岩手山演習場でも徹甲弾をシミュレートした射撃ができるようになり、訓練効率が飛躍的に向上した。

実動訓練

実動訓練は実際に戦車を動かして戦闘行動を演練する訓練である。少数の戦車で射撃もすべて模擬の小規模な訓練もあれば、空包やバトラー（模擬交戦装置）を使用した大規模な訓練もある。

筆者が印象に残っているのは中隊内で行なった小規模訓練で、攻撃発起地点と停止地点のみ指定され、戦車が１両ずつ攻撃前進するというものだった。

攻撃前進の経路選定や待ち構えている各種仮設敵への対処は車長判断であり、車長は地図を見ながら最適の経路を選択して戦車を前進させ、かつ索敵も怠らず仮設敵の種類に応じて適切に対処（撃破・制圧）しなければならない。シンプルだが、どのような敵がどこにいるか不明であり、これに柔

この時、74式戦車の砲手はカメラを構える筆者にレティクルを合わせていただろう。筆者が敵部隊の兵士だったら、この瞬間、車載機関銃でなぎ倒されているはずだ。

軟に対処するためには冷静さ、判断力が要求される。

筆者は戦車の操縦手と仮設敵（対戦車火器携行歩兵）として参加した。特に仮設敵の時は、運用訓練幹部から「どんな位置でもいい、必ず戦車を撃破できる位置に潜んで射撃現示（小銃で空包を発射もしくは赤い小旗を振る）しろ」と命じられ、ここぞとばかりにしっかりと偽装し、草むらに潜んだ。戦車が接近したら射撃現示を行なう。

相手の戦車を「敵」として見ると、やはり車長によって練度に差があることがよくわかった。早期に射撃姿勢をとる敵歩兵（筆者）を発見し、即座に車載機関銃を掃射する車長もいれば、発見が遅れ、慌てて何もできず通過してしまう車長もいた。実戦であれば敵歩兵を発見できず、対戦車火器の射撃を受け、その戦車は撃破されたであろう。

検閲

検閲（けんえつ）は受閲部隊が実戦において任務達成できる練度にあるかを判定・評価し、また、部隊行動や戦闘要領が不適当・練度不足であればそれを指導・是正し、検閲後の受閲部隊の練度向上を目的とするもので、単車検閲（検閲官：小隊長）、小隊検閲（検閲官：中隊長）、中隊検閲（検閲官：大隊長・連隊長）、大隊・連隊検閲（検閲官：師団長）などがある。

たいていはバトラーを使用し、状況によっては統裁部（とうさいぶ）の審判が各戦車に搭乗する。受閲（じゅえつ）部隊長は与えられた任務達成のため、隷下部隊を指揮し検閲に臨む。

検閲に先だって実施される隊容検査では統裁部の要員から質問を受けたり、背のうの入組み品（中身）をすべてチェックされる。さらに戦車はエンジンを始動させたり、増加バスケットの搭載資材や戦闘室内の様子も同様にチェックされる。

その後、演習場に移動、状況開始となる。筆者は小隊検閲や中隊検閲規模であれば自分も見られているという意識があったが、大隊検閲以上の大規模な検閲では参加部隊や人員が多く、あまり固くならずに任務を遂行できた。とはいえ、統裁部の要員はそこかしこで目を光らせているので、気は抜けない。

（上）敵部隊の進出を阻止すべく、射撃態勢に入る第6戦車大隊の74式戦車。（下）自車の乗員（砲手）と打ち合わせをする第6戦車大隊長。車長不在時は砲手が車長として戦車を指揮する。また戦車乗員は下車時は鉄帽（ヘルメット）をかぶる。

状況終了後は演習場内の広場に全受閲部隊が集結、整列し、検閲官の講評を受ける。

検閲終了後はホッとした気持ちで帰途についた。中隊パークに到着すると、資材や火器を卸下し、火器整備組と戦車整備組に分かれ、帰隊後整備を実施する。これが終われば駐屯地外に住む隊員（営外者）は帰宅でき、駐屯地内に居住する者（営内者）は居住隊舎の自室に戻り、隊員食堂で温かい食事をとったり、熱い風呂に浸かれる。

現金なもので、こういう時の隊員の動きは迅速になり、撤収や整備の手際もよくなるのだった。もちろん帰隊当日だけでは撤収・整備は終わるものではなく、翌日、翌々日あたりまでは丸々1日を使って徹底的に戦車の整備・点検・洗車、資器材の手入れ・片付け、火器の整備などをする。

また、ごくまれに検閲の講評が「不可」、つまり受閲部隊の練度が戦えるレベルに達していないと判定されることもあり、その際は後日、再度検閲が実施される。

陸幕指命演習

「74式戦車の防御」で前述した陸幕指命演習は、陸上幕僚監部から指定された師団が与えられた命題に従い、戦闘行動・陣地構築などを可能な限り実戦同様のかたちで実施し、参加隊員の実戦の認識向上、部隊の練度向上を目的としている。

師団長が担任官となり、演習準備は演習開始の何週間も前から始まる。特に対機甲戦闘の準備として掩砲所（えんぽうしょ）（戦車をまるごと格納し、敵航空機の爆撃や敵砲兵の砲撃に耐えるシェルター）、対戦車壕、防御陣地などの構築は大規模工事となり、多くの人員が駆り出された。

演習には陸上幕僚長自ら視察、指導のために演習場に入り、至る所で陸幕長の厳しい指導が入った。場の空気は張りつめ、演習参加隊員の緊張感は高まる。長期に及ぶ工事での疲労、戦闘の緊張感に加え、地雷原・対戦車壕・防御陣地はビニールテープで位置や範囲を示したり、ダミーを置いたものではなく、実際に埋設、また構築され、実戦の様相を体感できた貴重な機会であった。

車載火器、小火器の射撃訓練

戦車装備火器射撃訓練

74式戦車には先に紹介した通り、105ミリ戦車砲、車載7・62ミリ機関銃、12・7ミリ重機関銃を装備しているが、戦車砲と車載機関銃の射撃は同時に行なうことが多いので、ここでは12・7ミリ重機関銃射撃訓練について紹介する。訓練は対地射撃と対空射撃に分かれる。

対地射撃は戦車射場において、砲塔上の架台に装備した状態で行なう。射撃前の準備として、標的や弾薬の準備のほか、非QCB型の重機関銃は頭部間隙調整およびタイミング調整を行なう。戦車は標的に車体を正対、砲塔を1時～2時の方向に旋回させ、車長席と重機関銃、標的が一線になるように態勢をとる。

74式戦車の砲塔上の重機関銃架台は車長用ハッチと装塡手用ハッチの間にあるため、車長席から正しい射撃姿勢をとって射撃を行なうために砲塔を旋回させる必要がある。砲塔を旋回させたあとは戦車砲に可能な限り俯角(ふかく)をとらせ、重機関銃の下部から前方に向けて戦車のオーニング（日除け雨除けのシート）かオリーブドラブ色のビニールシートを敷く。これは12・7ミリ弾の薬莢が落下した際に紛失を防ぐための処置である。こうしておけば薬莢が落下した際にも発見が容易になる。

対空射撃は第9戦車大隊の場合、青森県・六ヶ所村の六ヶ所対空射場で実施する。ここには戦車を持ち込めないので、地上架台を使用して射撃する。射座にはパイプで組まれた枠が設置されており、誤って隣の射座や射界を超えた方向に銃口を向けないよう安全管理がなされる。

対空射撃の標的はRCMAT（通称「アールマット」）と呼ばれる小型標的機で、市販のラジコン飛行機と同様のものであり、送信機も市販のラジコン用のものが使用されている。形状は海に棲息するエイのような形である。

このRCMATを直接撃つのだが、低速かつ翼面積が大きいので簡単に弾を当てられると思いきや、なかなか命中しない。対空射撃の理論と知識を熟知したうえで正確な射撃をしないと当たらない。この訓練で隊員は対空射撃の難しさを知るのである。

小火器射撃訓練

戦車乗員は個人携行火器を装備しており、これらの射撃訓練も実施される。筆者が現役の頃は車長が9ミリ拳銃、砲手・操縦手がM3／M3A1短機関銃、装填手が64式小銃を装備しており、拳銃と小銃の射撃は駐屯地近傍の小火器射場で実施され、短機関銃の射撃は演習場内の射場で実施された。

このうち砲手・操縦手が装備するM3／M3A1短機関銃は「グリースガン」の通称で呼ばれ、第二次世界大戦中にアメリカが開発したもので、実際、筆者の部隊に配備された短機関銃には英語の刻印が打たれていた。非常に簡素な造りで部品数が少なく、分解・結合も容易で小型のため取り回しが楽だった。

余談ながら、このM3短機関銃は2000年代に入ってからもフィリピン軍などで使用されている。また、毎年刊行される『自衛隊装備年鑑』の2022-2023年版にも陸上自衛隊装備品として紹介されていることから、2023年現在も装備している部隊があるのかもしれない。

2023年の時点で、74式戦車乗員の個人携行火器は車長が9ミリ拳銃、その他の乗員は89式小銃（折曲銃床式）を装備している。

より実戦的な戦闘訓練

富士訓練センター（ＦＴＣ：Fuji Training Center）

陸上自衛隊の演習では「バトラー」と呼ばれる模擬交戦装置がよく使用され、より実戦に近い形式で戦闘訓練を行なうが、さらに実戦に近い形式で高度な訓練を行なう施設がある。それが山梨県の北富士演習場内に設けられた「富士訓練センター」（通称「ＦＴＣ」）である。

ここで使用されるバトラーは高度なもので、表示器が追加されている。これは損害をこうむった際、その損害の程度やどういった攻撃によって損害を受けたかを表示するもので、人員であれば軽傷から死亡まで表示され、当該隊員のみならず、周囲の隊員もその状況に合わせて行動しなければならない。

たとえば、敵の攻撃で誰かが負傷した場合、軽傷であれば自身で処置するか近くの隊員が救護処置を実施する。重傷で負傷者の後送（こうそう）が必要となれば、衛生科の隊員が直ちに駆けつけ、応急処置を実施後、車両で後送し、その間ほかの隊員は周囲の警戒にあたるといった流れである。

状況は流動的で、指揮官は次々に起きる突発事態にも対処せねばならない。もたもたしていれば敵部隊に包囲されたり、敵砲兵の砲撃のまっただ中に孤立してしまうこともあるのだ。

筆者も74式戦車の操縦手としてFTC訓練に参加した経験がある。この時、普通科中隊の前衛として警戒しつつ前進するも地雷原に阻まれ、前進経路を変更し、再度前進開始したところで敵戦車に撃たれ「戦死」した。「死体」は状況終了まで放置され、撃破された戦車の中でひたすら待ち明かすのであった。夜は遠くの街の光がやけにきれいに見えたのをよく覚えている。部隊はその後、敵の激しい攻撃を受けながらも前進、敵陣地前面まで接近し、残存部隊を集結させ突撃を試みるも頓挫、結局戦果を上げることなく状況終了を迎えた。

状況終了後はＡＡＲ（After Action Review）が実施される。これは要するに反省会で、訓練実施部隊、対抗部隊の配置や動きなどを確認したうえで自分たちがどう動けばよかったのかを検討する。筆者は自分を「戦死させた」戦車が位置していた陣地に実際に立ってみたが、対抗部隊から自分の戦車が丸見えだった。操縦しながら可能な限り警戒していたが、敵を発見することはできなかった。これが実戦だったら、と考えると恐ろしくなった。

さらに、筆者は参加経験がないが、北海道とアメリカ本土における訓練があり、どちらも74式戦車の参加実績がある。

ＡＣ‐ＴＥＳＣ

１９９１年、北海道大演習場内の千歳・恵庭（えにわ）地区で画期的な訓練が開始された。

74式戦車の105ミリ戦車砲に装着されたバトラーの発信機。発信機から照射される光線が相手の受光器を捉えると相手側に損害判定が下る。当然ながら、演習参加部隊は青・赤両部隊、車輌から人員までバトラーを装着する。

ＴＥＳＣ（Traning Evaluation Support Center：部隊評価支援センター）方式による普通科中隊および戦車中隊を対象とした近接戦闘訓練である。このうち、戦車中隊を対象としたものをＡＣ－ＴＥＳＣ（Armored Combat-Traning Evaluation Support Center：機械化部隊戦闘訓練評価支援センター方式による訓練）と呼称した。

具体的にはバトラーを使用した対抗、自由統裁方式の訓練である。さらに、訓練参加車両などにはＧＰＳを装着し、統裁部のスクリーン上にリアルタイムで彼我の現在位置が表示され、戦闘状況の推移を常時監視・掌握できる。

同様の訓練としては前述のＦＴＣ（富士訓練センター）訓練が実施されているが、

FTCが増強普通科中隊（そのうち戦車は1個小隊）対象であり、対抗部隊が専任の評価支援隊であるのに対し、AC・TESCは増強戦車中隊同士が対抗方式で行なう。

戦闘中に状況を一時中断して統裁部が訓練部隊の状況・態勢を整理・把握して状況再開といったことがたびたび起きる一方統裁方式とは違い、状況は流動的となり、指揮官はより実戦的な環境で状況判断・部隊指揮をしなければならず、訓練効果は非常に高いものとなった。

そしてTESCは後述するHTC（Hokkaido Training Center）の新編に向けた検証訓練として、ここで蓄積した多くのデータを活かすことになったのである。

北海道訓練センター（HTC：Hokkaido Training Center）

2020年に開始された訓練で、北海道、矢臼別（やうすべつ）演習場での運営を基本とし、運営・統制は北千歳駐屯地に新編された訓練評価支援隊があたる。統裁施設は可搬式となっており、全国各地に点在する演習場でも運用が可能だが、連隊規模の対抗演習を実施可能な広さをもつ広大な演習場は少ないため、現在は矢臼別演習場での運用が基本となっている。

同様の訓練施設として富士訓練センター（FTC）が運用されているが、FTCで実施されるのが増強普通科中隊規模の対抗演習であり、対抗部隊は評価支援隊が敵役となる。これに対し、HTCでは連隊規模の部隊による対抗演習を実施できる。

また、ＦＴＣ・ＨＴＣではバトラーが使用され、演習参加隊員や車両に装備されるが、ＨＴＣではＦＴＣに比べてより多くの装備品にバトラーを装着できるようになり、多用途へリコプターＵＨ-１Ｊ用の受信損耗現示器や93式近距離地対空誘導弾（近ＳＡＭ）用の対空射撃用照射器もあり、これまでの主に地上部隊のみでの戦闘から航空部隊も本格的に訓練に参加し、立体的な戦闘を演練できるようになった。

ＨＴＣは全国の部隊練度の底上げを狙った最新の〝道場〟として、今後ＦＴＣと併せて積極的に運用されていくだろう。

米国射撃訓練——海を渡った74式戦車

１９９０年代に入り、陸上自衛隊の装備火器の高性能化・長射程化が著しくなり、日本国内での訓練では装備品の性能を最大発揮することが難しくなってきた。このような背景から、１９９２年から米国射撃訓練が開始された。

１９９２年、９３年の２年間はハワイ州ポハクロア演習場で実施され、ＡＨ-１Ｓ対戦車へリコプターや79式対舟艇対戦車誘導弾（重ＭＡＴ）が射撃訓練を実施した。

１９９４年から訓練場をワシントン州ヤキマ訓練場に移して実施された。ヤキマ訓練場はワシントン州のほぼ中央に位置し、面積約13万２４３０へクタールの広さを誇る。わかりやすく説明すると、東京都23区（面積約6万2000ヘクタール）を余裕で収める広さである。日本国内の自衛隊演習場と比較すると、国内最大の矢臼別演習場（北海道）が面積約1万6800ヘクタール、本州最大の東富士演習場が面積約8800ヘクタールである。

ヤキマ訓練場のほぼ中央に中央弾着地があり、訓練場内のあらゆる方向から弾着地に向けて射撃が可能だ。この点は日本の射場と大きく違う。日本では安全管理上、弾着地の方向に別の射撃部隊が展開したり、部隊や人員が射撃方向に進入することはできない。

アメリカ軍はその点、射弾の飛翔性能や射撃距離を掌握したうえで「弾がそちらに飛ぶことはない」と安全であることを確認すれば、射撃方向の先に部隊が展開していても普通に射撃を実施するようだ。

射場には隠顕式移動目標や用途廃止の戦車や装甲車が至る所に置かれ、実物の戦車に対する射撃や移動しながら突然出現する標的に対する射撃が実施でき、日本国内では実施できない高度な射撃訓練ができる。日本国内での射撃訓練において四角い標的の中央を照準するのと、廃車とはいえ実物の戦車を照準するのとでは砲手の意識も変わるだろう。

戦車部隊は1996年から射撃訓練に参加。当初から90式戦車が走行間射撃や最大射程射撃を行なった。当時、90式戦車は最新鋭装備であり、機甲科の中心的戦力であった74式戦車の性能を凌駕する90式戦車の最大性能発揮、乗員の練度向上を図ることで90式戦車の早期戦力化という目的もあったと

岩手山演習場の戦車射場で射撃を行なう74式戦車。大きな発砲炎が砲口から瞬間的に吹き出し、発射音と振動が空気と地面を震わせる。戦車の強力な火力を実感する瞬間だ。

思われる。

２００３年からは制式化されたばかりの00式１２０ミリ戦車砲用演習弾（ＴＰ）を使用し、多数の移動目標が設置され、戦車小隊が横隊に展開して射撃を実施できる多目的射場（ＭＰＲＣ）においても訓練が行なわれた。

２００８年、米国における実動訓練（普通科連隊が参加し、アメリカ陸軍部隊と共同で野戦訓練、市街地戦闘訓練を実施）と射撃訓練を統合し、諸職種協同訓練となり、この年、初めて74式戦車が演習に参加した。その後も74式戦車はたびたび米国射撃に参加し、続いて２０１０年、１１年、１３年、１５年、１７年と六回の米国射撃の機会を得た。

90式戦車や２０１４年に初参加した新鋭の10式戦車の能力に舌を巻いていたアメリカ軍将兵の眼前で74式戦車もその能力を遺憾なく発揮し、前世代戦車ながら現在でも通用するその射撃能力と乗員の練度に感嘆の声が上がったという。

この米国射撃訓練は部隊では「米射（べいしゃ）」「ヤキマ」などと呼ばれることが多いが、当初の「米国における射撃訓練」から「ＣＡＬＦＥＸ（Combined Armed Live Fire Exercise）」「ライジング・ウォーリアー（普通科部隊の機能別訓練名）」「ライジング・サンダー／雷神」など時期や訓練内容によって名称が変わっている。

CTC（Combat Training Center）訓練

２０１４年1月～2月にかけて「平成25年度米陸軍戦闘訓練センターにおける訓練」がアメリカ・カリフォルニア州フォートアーウィンのＮＴＣ（National Training Center）で実施され、陸上自衛隊からは部隊訓練評価隊評価支援隊、約１８０名が参加した。74式戦車は小隊規模で参加し、アメリカ陸軍Ｍ１Ａ１戦車の増強を受けて日本側の戦車部隊は中隊規模となっている。なお、この訓練で日本隊には「レッドブリッツ（赤い電撃）」の名称が付与された。

ＮＴＣは非常に広大で、東京都の面積とほぼ同じであり、完全編成の旅団規模部隊の対抗演習を実施できるという。訓練はレーザー照射式の模擬交戦装置（MILES：Multiple Integrated Laser Engagement System）を使用して行なわれる。日本におけるバトラーと同様の装置である。

この時も74式戦車は姿勢制御機能による地形の起伏を利用した戦い方を実践した。その様子にＭ１Ａ１戦車の乗員たちも74式戦車に興味を持ち、彼らに対し姿勢制御の展示も行なわれたという。

市街地戦闘訓練

２０００年代に入ってから陸上自衛隊では市街地戦闘を重視し、盛んにこの訓練を行なった時期があり、戦車も普通科部隊の火力支援などで市街地戦闘訓練に参加している。

第1師団が実施した訓練では東富士演習場内の市街地戦闘訓練場で第1戦車大隊の74式戦車が第1

普通科連隊と協同、普通科隊員のタンクデサント（戦車跨乗）や火力支援を行なった。

市街地戦闘において戦車は、戦車砲や機関銃による射撃支援、普通科隊員の盾になり前進支援を行なうなど、普通科部隊にとって心強い存在である。

コラム❹戦車隊員にとって非常に有効な「砂盤」

行動開始前によく行なわれるものが「砂盤」である。地面などに砂や土で戦闘地域を模した簡易な地形模型やジオラマを作り、戦車の模型や小石を用いて戦闘・行動要領を具体的に検討したり、下達するものである。これは各種訓練や演習において参加部隊の規模にかかわらず実施される。

自車を含め部隊の行動、戦闘地域の地形などを俯瞰して見ることによって、状況の把握が容易となり、実動時にも砂盤をイメージしたりメモなどに記した図やイラストを確認することで戦車の行動に有効活用できる。

そして砂盤は戦闘を有利に進め、敵を撃破するために非常に有効かつ重要な戦闘指導法である。今後は（すでにそうなっているかもしれないが）こういった事前の打ち合わせにおいてもタブレットなどの電子機器を活用して、情報や行動要領・戦闘要領の下達、共有が行なわれるようになるかもしれない。

第9章　ナナヨン乗りの声を聞け！

　1962年、第9戦車大隊は本州最北に配置された第9師団の虎の子部隊として八戸駐屯地において新編された。1970年、岩手駐屯地へ移駐し、現在まで本州最北の戦車部隊として岩手県の象徴ともいえる岩手山の麓で訓練に励んでいる。筆者が機甲生徒課程を修了後、初めて配属された部隊でもある。

「部隊は生きている」と言われることがある。

　人間のように好調な時もあれば不調な時もあり、訓練を重ねて成長し、練度が上がる。そして部隊長以下、配属されたばかりの陸士まで所属隊員全員の意思が統一され、足並みがそろった時、その部隊は真の力を発揮し、演習、各種訓練、競技会などで活躍することになる。

　また、そのような時期は隊員の意識も高くなり、不思議と事故やトラブルも起きない。

74式戦車とともに写真に収まる第9戦車大隊の若き隊員たち。自信にあふれた表情が印象的だ。筆者にとっては頼もしい後輩たちである。

第9戦車大隊隊員のインタビュー前に広報イベントで再会した上級陸曹の先輩が言った。

「今の9戦車（大隊）はいいよ」

大隊長、中隊長、小隊長、戦車乗員にインタビューし、射撃訓練を取材するなかで、先輩の言葉が間違いないことを確信した。大隊長の下、結束し「ONE TEAM」となって74式戦車を駆り、日々励む第9戦車大隊。その現場の姿を紹介しよう。

最後の瞬間まで74式戦車を扱いきる——第9戦車大隊長 工藤真一2等陸佐

若くして第9戦車大隊を率いる工藤2佐（39歳）。青森県八戸市出身で高校卒業後、防衛大学校に入校。その後、陸上自衛隊幹部候補生学校を経て第9戦車大隊に配属となった。さらに北海道の部隊や陸幕勤務、指揮幕僚課程（CGS）入校を経て2022年3月、大隊長として第9戦車大隊に帰ってきた。

職種は当初から機甲科を希望していたわけではなく、普通科希望で第1空挺団に行きたかったのだという。しかし身体検査で腰に故障が見つかり希望叶わず、ではどの職種にしようかと考えた時、幹部候補生学校での戦闘訓練の際に訓練支援に来た74式戦車の射撃の衝撃力や機動力を思い出し、普通科と同じ戦闘職種、第一線で戦う機甲科を希望したという。

戦車大隊長へのインタビューでは、にこやかに応対する大隊長の前で、筆者は緊張しつつ質問を始めた。

各師団・旅団の機動打撃力の骨幹となる戦車部隊。まず第9戦車大隊の役割とは何か、ここから質問を始めた。

「究極的には我々の身をもって岩手の地を守ることです。大きく言えば東北6県の地を守るという

第9戦車大隊長、工藤真一2等陸佐。精強第9戦車大隊の先頭に立つ若き大隊長である。

ことにもなります。平素は訓練や記念行事であったり、災害派遣が発令されればすぐに駆けつけることで、県民の皆様に安心してしてもらうのが役割だと思います」

戦車大隊という打撃力の中核になる重要な部隊の指揮はどのようなものか、また指揮するうえで心がけていることは——

「大隊長の『前へ』の号令で全員が同時に前へ出て行く。『右へ』の号令で全員が右へ一斉に動いていく。これをしっかりでき、その中でいかに任務の達成度を高く上げていけるかというのが大隊の指揮だと思います。『これが正解』というのはおそらくないと思います。教範では決まっているのですが、私自身もどれが正解かは実際に指揮しながら考えているところです」

「心がけていることは常に大隊長が先頭にいるんだと身をもって示すことです。自分のスタンスとしては『大隊長に続け、俺についてくれば大丈夫だ』ということを隊員たちに示していきたいと思っています。敵を目前にして大隊長が後ろから『前に行け』では隊員が困惑し、気の後れが出てくる。これが戦闘の成否を決めることがあり得ると思うんですよね。気の後れで任務の失敗が絶対にあってはならないので、常に大隊長が先頭にいて『大隊長についていけば大丈夫だ』と。そういう部隊を作っていきたいと思っています」

指揮官先頭。古来、将たる者が先頭に立って率いる軍は精強だ。筆者が感じた第9戦車大隊の一体感は工藤2佐のこういった考えが具現化したものであろう。

次は筆者が最も気になっていたことを質問してみた。

それは「74式戦車は現代戦をどう戦うのか？」である。

筆者は自らの経験も踏まえて、我の装備が敵より古く、また性能的に劣っていたとしても、それを操る人間の知恵と練度でカバーし、逆に敵を圧倒することも可能と考えている。大隊長はどう考えているのだろうか――

「10式戦車や16式機動戦闘車のように最新の戦車はシステムやネットワークを活用して戦います。サイバー・電磁波能力が重視されるなかであっても、74式戦車はシステム・ネットワークがないから負けるということは決してないと思います。74式戦車は山がちの地形で動けるように作られています。岩手県は山地が多く、第9戦車大隊もそういう所で訓練してきた。その経験は実戦でそのまま活かせると思います。また74式戦車はシステム・ネットワークを装備してないぶん、サイバー・電磁波攻撃下でも戦闘能力に影響を受けないという強みがあります。戦い方としてはこれまで訓練してきたこと、それをしっかりやり抜くことが重要と考えます」

このインタビューをした2022年6月はロシアによるウクライナ侵攻のまっただ中。甚大な損害を出しているロシア軍の戦車について何か思うことは――

観閲行進で観閲官に敬礼する工藤２佐の凜々しい姿。大隊マークは大隊長車を示す金色の馬となっている。

「戦車対戦車の戦いは最初が非常に重要なのだろうと。その一方で、そのような戦闘はほぼ起きないだろうなと思います。それが起きる前にドローンが戦車の位置を特定し、地上部隊が対戦車ミサイルで戦車を撃破する。戦車同士が向き合う前の段階で、どれだけ生き延びるための処置をやっていくか、自分たちの存在を隠してどれだけ生存性を高められるかというのがキーポイントになると思います」

次に74式戦車に関する思い出やエピソードは――

「演習場での長距離行進で、行進経路に戦車が1両入りそうなくらいの穴が空いてしまって、そこを通過する時に片側の履帯を路上脇の斜面にかけて通過しました」

なるほど。それなら履帯が斜面に噛んで進めますね。

「車体が40度くらい横に傾いて、それでも走破できて、軽い74式だからできることだと痛感しましたね」

「あとはFTC訓練ですね。こちらは防御側で、戦車も陣地構築したいんですけど、そのために施設機材を使うと普通科部隊が陣地構築できなくなってしまう。そこで、我々は陣地構築を実施せず、偽装のみで何とかしようということになりました。それも、偽装網（バラキューダ）すら使わず、徹底的に現地の植生を利用して偽装しようと。そうしたら、状況終了後、対抗部隊が『初めて戦車を1両も見つけられませんでした』って言ってくれたんですよ」

大隊長にとって74式戦車はどのような存在なのだろうか――

「私にとってというよりも、今の機甲科隊員のほとんどが74式戦車で育ったと思うんですね。機甲科隊員の心の拠りどころであり、陸自の象徴のような存在なのではないかと。これから10式戦車や16

式機動戦闘車が中心になっていきますが、それでも『74ってよかったよな』と言われるのではないかと思います」

最後の質問は筆者も口にするのがつらかったのだが、聞いてみた。

退役まで残り少ない時間、74式戦車とどのように関わり、過ごしていきたいか――

「最後の瞬間まで74式戦車が全力を出せるよう維持していきたいと思っています。事が起きた時の我々の戦力は74式戦車なんですよね。最後の瞬間まで我々は74式戦車を扱いきれる能力を持ち続けなければならないし、74式戦車がその性能を発揮できるように維持していかなければならないと思っています。『ナナヨンここにあり』を示していきたいですね」

74式戦車に言葉をかけるとしたら――

「いちばん伝えたいのは、やはり『我々を育ててくれてありがとう』ですね」

私の愛してやまない戦車です――第1中隊長 佐々木保元（ささきやすもと）1等陸尉

（あの頃と変わってないようだけど、やはり顔つきが全然違うな）

佐々木1尉を見て思った。

筆者が第9戦車大隊に所属している時、筆者は陸曹、佐々木1尉は陸士として、所属中隊は違えど持続走訓練隊やスキー訓練隊でともに汗を流した。今や中隊長として戦車中隊を率いるまでになった佐々木1尉へのインタビューを筆者は楽しみにしていた。

佐々木1尉（40歳）は岩手県花巻市出身。岩手駐屯地の第9特科連隊新隊員教育隊で前期教育を受け、第9戦車大隊で後期教育。修了後はそのまま第9戦車大隊に配属となった。配属後、陸曹に昇任、そして幹部になり、いくつかの部隊で要職を歴任したあと、中隊長として第9戦車大隊に帰ってきた。

「率直なところ、カッコいいなと」

佐々木1尉の機甲科職種、戦車乗員を希望した理由である。

「陸戦の王者という憧れがあって、新隊員の時も戦車見て『カッコいいなー！』と思ったのと、陸上自衛隊の花形であり、戦闘の大局を動かす重要な部隊というところですね」

戦闘の大局を動かす。それを聞いて、いきなり話が横にそれてしまうが、筆者が以前から気になっていたことを聞いてみた。

いずれ岩手にもＭＣＶが入ってくると思うのですが、師団や旅団の機動火力としては勢力が減少して心許ないという声も聞こえてくるのですが、そこはどうお考えでしょうか――

「（ＭＣＶと74式戦車を比べると）火力としては同等ですし、ＦＣＳなども非常に優れていますので、総合的に見れば性能は上がっていますし、運用はそもそも戦車の運用と違いますからね」

第1戦車中隊長、佐々木保元1尉。胸にはレンジャー徽章と冬期遊撃徽章が光る。率先陣頭を体現する中隊長だ。

これは後述する第22即応機動連隊機動戦闘車隊長の花山2佐と同じ意見だ。

では、MCVの性能と乗員の練度で数の少なさはカバーできると――

「できると思います。運用のコンセプトが迅速に戦術機動するという装備なので、時代に応じ、ニーズに応えた車両だと思います」

74式戦車と16式機動戦闘車を比較するならば、単純に性能や保有数のみで語るのは妥当ではない。もっと広い視点で、そもそも陸上自衛隊がどう戦うのか、16式機動戦闘車をどう運用しようとしているのか、そこから考えていかなければならない。

話を戻そう。

戦車中隊長の役割とはどのようなものか――

「戦闘力を集中させるシンボル的な存在です。戦闘力を組織化し、訓練管理、補給・整備管理、人事管理、服務指導などを統制する。隊員と直接触れ合う指揮官なので『人』をよく掌握することが大きな役割です」

それでは、中隊の指揮はどのようなものか――

「重責ある職務、崇高でやり甲斐のあるものです。中隊の隊員に対して、指揮系統に基づいて意思を表示して、その意思に従わせることが真髄だと思います」

大隊長の指示を受け、それをさらに下令する立場にあると思いますが、そのまま伝えるのでしょうか。それとも、中隊長がそれを一度かみ砕いたうえで下令するのでしょうか――

「もちろん自分のところで一度フィルターにかけ、中隊の特性を踏まえて大隊長の意思を中隊長の口から伝えます。隊員の能力や心情など、中隊長は大隊長には見えないところまで見えていますので」

こうして部隊は機能するのである。中隊長は指揮する中隊の隊員一人ひとりの状況を把握し、それを踏まえたうえで適材適所で隊員に任務を与え、動かす。

その中隊を指揮する上で心がけていることは何だろうか――

「任務をよく分析・理解し、中隊が占める地位と役割を明確にしたうえで具体的に達成すべき目標と目的を明らかにして、わかりやすく指揮下部隊に伝えること。併せて、中隊内で情報をよく共有する。要は風通しがよく、何でも聞こえるということですね。達成すべき目標が複数ある場合は優先順位をつけて計画的に実施します」

次に74式戦車にまつわる思い出を聞いてみたのだが、驚くべき話を聞くことになった。

――74式で10式に勝ったという。

「第1戦車大隊（静岡県御殿場市駒門）で小隊長に上番（じょうばん）した時です。私の中隊は74式の中隊で、隣の中隊が10式の中隊でした。ある時、大隊長が小隊長の練度向上のためにバトラーを使用した対抗戦をやれと。編成もおもしろくて、戦車小隊に加えてCAS（近接航空支援）想定、対戦車地雷原の構成、オートバイの偵察チームを2個、増強されました」

北海道のAC・TESC（バトラー使用の戦車中隊対抗訓練）みたいな訓練ですね――

「そうです。AC・TESCの小隊版みたいな感じです。『勝てるわけない』という声が大多数でした。しかし、私もFTCで対抗部隊の第一線陣地を抜いたこともあったので『いや、そんなことはない』と。小隊の隊員に熱く伝えたら、小隊陸曹が同意してくれまして、結果、小隊が一つになったんです。そして、どうすれば勝てるか考え、小隊の隊員に伝えたら、皆から『こうしたらいいのでは？』とか『ああしたらいいのでは？』と、陸士までもが意見や提案を出してくれたんです。そして練成訓練を繰り返しました」

「で、訓練本番を迎えてヨーイドンで状況が始まったんですが、やはり10式は視察能力が高いので、サーマル（熱線映像装置）でこちらを探すわけです。こちらはエンジンを吹かして欺騙行動しながら、迂回するイメージで前進しました。迂回前進も秘匿を重視して、エンジン音を出さないようにアイドリングでカタカタとひたすらゆっくり進み、まず敵の小隊長車を撃破。続いて2両目を撃破しました」

聞いていてその状況が頭に浮かんでくる。

「2両目撃破の直後、敵が状況に気づきました。でも、こちらも練度が高いのでどんどん動いて。無線なんか『お前はそっちに行け！』『今、ここにいるぞ！』とか、正規の通話要領なんかなくて。本当の戦場さながらでした。結果、無傷で勝ちました」

無傷ですか――

「4対0で勝ちました」

完全勝利である。対抗戦形式は状況が流動的なので限りなく実戦に近い訓練となる。いや、隊員たちにとってはこれは実戦なのだ。

戦術としては迂回して側面・背後を突くというかたちでしょうか――

「そうです。斜射、側射、背射ですね。これには気づかれないようにという狙いもあったのですが、正面から交戦してこちらの105ミリ戦車砲で10式の前面を射撃しても撃破は難しい。そこで装甲の薄い側面や後面を狙うという考えでした」

まさに現用戦車の戦闘要領を実践したかたちですね。強固な前面よりも側面や後面からの射撃なら十分に撃破・行動不能にできます――

「もう一つ。コータム（広帯域多目的無線機）をうまく使いました。あとはとにかく下車しました。戦車小隊長って戦車から降りないイメージがありますが、私はとにかく降りて敵情把握に努めました。欲を言えばドローンが欲しかったですね」

筆者が現役の時、よく一緒にクルーを組んだ北海道帰りのベテラン曹長も頻繁に下車偵察して、周囲や前進経路上の状況の把握に努める車長だった。

佐々木1尉はウクライナ侵攻における戦車の動きをどう見るのだろうか――

「まず、ロシア軍戦車は蝟集（いしゅう）しすぎですね。戦車の行動の基本を守ればあれだけの被害は出ないだろうと思います。市街地に入る直前に緊縮隊形をとるのも疑問です。私だったら市街地に入る前に歩兵やドローンを送り、安全化してから前進します。よく『市街地は3対1の法則が通用しない』『市街地は戦闘力を吸引する』といわれますが、ロシア軍の姿を見るとまさに典型例だなと。私の中では肯定情報になりました」

佐々木1尉にとって74式戦車はどのような存在なのだろう――

「乗員の練度、これに応じて強さが全然違います。この一点に尽きると思います。古い戦車だから弱いではなくて、玄人好みの戦車だなと。私の愛してやまない戦車です」

74式戦車との別れまでの間、どのように74と過ごしていきますか――

「特別なことは一切するつもりはありません。明日有事が起きても行けるという緊張感を持って最後まで務め上げます。いま敵が来てもすぐ戦える。稼働率100パーセントを追求していきます」

贈る言葉などはありますか――

「これからもよろしくと」

これからも？

「はい。脱魂するその瞬間まで別れの言葉はかけません。最後の最後まで私は〝ナナヨン乗り〟なので」

74式戦車は機甲科人生そのものです――小隊長兼車長 田邊陽介3等陸尉

田邊3尉は少年工科学校（現、陸上自衛隊高等工科学校）出身であり、同じく同校出身である筆者の1期後輩にあたる。田邊3尉と筆者は横須賀・武山の地で2年間ともに過ごした。卒業後、富士学校での機甲生徒課程を修了し第9戦車大隊に配属、その後富士学校機甲科部で助教として勤務、そして再び第9戦車大隊に帰り、戦車小隊長として活躍している。

田邊3尉もやはり顔つきが幹部らしくなっていた。その高い指揮能力を筆者は後日、雨天の射撃訓練で目の当たりにすることになる。

指揮所が少々錯綜（さくそう）するなかでもいたって冷静、的確な指示を次々に出す姿はさすがと言うべきで、同じ生徒出身でも（俺にはこれほどの指揮はできないな）と思わせるものであった。

インタビューもお互い構えることもなく、よい雰囲気で始まった。

筆者と田邉3尉が生徒として在学していた頃の少年工科学校は、現在の高等工科学校と教育体系や生徒の身分なども異なる。少年工科学校は入校と同時に3等陸士の階級を与えられ、身分は自衛官であった。教育も技術陸曹を養成するため、一般高校と同等の課程のほか、機械や電子といった専門的な教育も実施され、卒業後は各職種学校で主に整備教育などを受け、部隊では技術陸曹（整備員）として勤務しながら経験を積むのが一般的な進路だった。「技術陸曹」の職域は後方支援部隊の職種がほとんどのなか、生徒が進める唯一の戦闘職種が機甲科だった。

「少年工科学校在学中から戦闘職種に行きたいと漠然と考えており、職種紹介のビデオを観た時に戦車の映像が格好よくて機甲科に決めました」

筆者もやはり戦闘職種に行けるという理由で機甲科を希望した。

機甲科がいちばん厳しいというのも希望した理由ですか――

「そうですね。当時は機甲科（機甲生徒課程）がいちばん厳しいといわれていたので」

機甲生徒課程の厳しさは少年工科学校の生徒にもよく知られており、筆者の期で機甲生徒を希望す

戦車小隊長、田邊陽介３尉。少年工科学校出身、叩き上げのベテラン小隊長である。隊員からの信頼も厚い。

る者は非常に少なく、機甲科出身の区隊長が夜の自習時間を利用して機甲科に興味を持つ生徒を集め、機甲科の魅力を紹介する特別教育を行なったほどであった。

そして今や叩き上げの幹部、戦車小隊長として活躍する田邉3尉。戦車小隊の指揮とはどのようなものなのか——

「ひと言で言うと『迅速な状況判断』。これが求められます。状況が目まぐるしく変わるなかで、すぐに判断していかないと追いついていけないですね」

小隊の指揮で心がけていることは——

「当たり前のことですが、4両の戦車を指揮するなかで陥りやすいのが、敵を目前にして自車の指揮だけに集中してしまうことです。小隊各車をよく掌握し、指示を出して『小隊として』任務を遂行することですね」

小隊として、4両で戦うということですね――

「はい、班で運用する場合もそうですね」

小隊を班に分けて運用するのはよくあることなんですか――

「班運用は頻繁にやりますね。小隊陸曹に2両任せて2個班で任務を遂行する、ということはよくあります」

田邉3尉は小隊長だが、1両の戦車を指揮統率する車長でもある。車長としてはどのようなことを心がけているのか――

「乗員に対して自分の企図をしっかり示して、単車として『こう動く』ということを明示することですね。結節（けっせつ）で自分の戦車が『これをするぞ』と。そうすることで各乗員も個々の行動方針を決めて、結果、戦車の動きがよくなると思います。特に任務や状況が変わる時にそうするよう意識しています」

乗員がしっかり車長の意図を理解してるか不明な時は――

「いろいろな無線交信が入ってきて、なかなか乗員の返事が聞こえない時があります。そういう時に不安を感じたら必ず乗員に指示が聞こえたか、意図を理解しているか、すぐ確認するようにしています。やはり各乗員の連携は大事なので」

車長のやり甲斐はどのようなところだろうか――

「小隊の任務に基づいて自分の考えで単車を指揮して、敵の撃破や任務を達成した時がやり甲斐を感じます」

逆に難しいところは――

「先ほど話したことと重なりますが、戦闘が始まり状況が目まぐるしく変わるなかで素早く状況判断しなければならないところですね。あとは他職種部隊との調整やそれらの部隊の理解です」

他職種部隊の能力というのは何ができて何ができないということの理解ですね――

「はい。車長になるとそれも理解しなければならないので、そこが難しいですね」

戦車小隊長の田邉3尉にはウクライナ侵攻での戦車の動きはどう見えるのだろうか――

「やはり蝟集（いしゅう）が目立ちますね。我々がやっていることは間違いないんだなと。たとえば敵から暴露した位置に長く留まらない、とか。そういった基本や基礎が大事なんだなと思いました」

74式戦車にまつわる思い出やエピソードは――

「訓練の思い出はたくさんありますが、私のいちばんの思い出は人生で最初に乗ったエンジン付きの乗り物が74式戦車だったことですね。18歳の時に教習所で初めて乗った時、変速レバーを2速に入れて戦車が動いた瞬間の怖さと感動が入り交じった気持ち、あれを今でも鮮明に憶えています」

あの瞬間は忘れませんよね。2速に入れてゆっくりクラッチペダルを離して動き出した時の感覚

――

「そうですね。教官が怖い人で『お前センスがないんじゃ！』って言われて。ヘコみながら操縦してました」

では、田邉3尉にとって74式戦車はどのような存在でしょうか――

「教育では74式と90式の教育を受けましたが、74式戦車の教育の割合が大きく、愛着を持つのは74式で、配属部隊も74式を装備する第9戦車大隊。74式戦車は自分にとって自衛官人生、機甲科人生そのものです。性能としては当然、90式、10式に及ばない部分もありますが、私としてはいちばん扱いやすく、乗員が4名という点でも頼りになる戦車ですね」

74式戦車と過ごせる残り少ない時間をどのように過ごしていきたいですか――

「私もずっと小隊長をできるわけではないので、1回1回の訓練を噛みしめてやっていきたいと思っています。乗る機会も限られてくるのでなおさらです」

では最後に、74式戦車に対する思いを聞かせてください――

「陸上自衛隊の装備として約50年間、国防の任に就いてお疲れさまでしたという思いです。自分の人生そのもので、74式戦車に育てられてここまで来れたので『戦車乗員として育ててくれてありがとう』と言いたいです」

まだまだ現役で戦える戦車——砲手　岸根佑弥3等陸曹

筆者が現役当時は部隊にもよるが、3曹ですぐに砲手に任命されることはなかった（射撃訓練で砲手をやる機会はあった）。現在は3曹の砲手は珍しくないという。「部隊の若返り」という言葉も聞かれた。

岸根3曹は岩手県花巻市出身（30歳）。第9特科連隊新隊員教育隊で前期教育を受け、機甲科に進み第9戦車大隊で後期教育、修了後そのまま第9戦車大隊第2中隊に配属となった。その後、陸曹候補生課程を経て、陸曹に昇任。原隊復帰と同時に第1中隊に配属換えとなり現在に至る。

戦車大隊の若手ホープである。機甲科を目指した理由は何だったのか——

「入隊の動機として戦車に乗ってみたいなというのがありました。自衛隊の中でも花形の職種である機甲科で勤務してみたいと」

戦車のことは入隊前から知っていたのでしょうか——

「広報誌で見たり、学生の頃に記念日に来たことがあって、戦車のことは知っていました」

以前は3曹の砲手はいませんでしたが、今は多いのですか——

「現在の主力は3曹ですね」

これは今後の部隊改編のことも考慮したうえでの編成、補職(ほしょく)なのだろうか――

「乗員の若返りじゃないですけど、先輩方が少なくなって、人の流れがうまくいっているのかと」

岸根3曹は戦車乗員の経験を装填手から始め、操縦手を経て、現在は砲手を務める。砲手として心がけていることは何だろうか――

74式戦車砲手、岸根佑弥3曹。大隊でも高い射撃技能をもつトップガナーだ。高い向上心をもってさらなる射撃技術向上を目指す。

「初弾必中をいちばん意識しています。敵と対峙した時に迅速正確な射撃をもって火力の発揮、敵を撃破することで戦局を優位に進めることができます」

砲手のやり甲斐や難しいところはどうだろうか

――

「やり甲斐としては射撃、いかに自分の射撃の精度を高めていくか。そこではベテランも新米も関係ないので、日々時間を見つけて射撃予習に取り組んでいます」

戦車射撃は奥が深い。特に74式戦車の射撃は職人芸である。知識を深め、経験を積むことで自らの技量を高めていける。努力次第で先輩砲手の技量を超えることもできるのだ。

どの職種・職域にも当てはまるが、戦技の腕を磨くのに先輩も後輩もない。そこでは努力と実力が試され、そして戦闘員として強くなっていけるのだ。岸根3曹の言葉を借りれば「実力主義」である。

岸根3曹は90式戦車の見学も経験している。砲手から見た感想を聞いてみた――

「90式のＦＣＳ（射撃統制システム）は電子化が進んでいますが、やはり砲手ありきなのかなと。機械が射撃のサポートをしてくれますが、砲手が射撃理論を理解してこそ性能を発揮できるのだと思います」

74式戦車にまつわる思い出やエピソードは――

「2年前、総合戦闘射撃に砲手として参加したのですが、初参加ながら戦車砲の行進間射撃を行なって標的に命中させたことです」

90式戦車や10式戦車には目標の自動追尾能力があり、速度発揮や機動しながらでも正確な射撃が可能だ。74式戦車は戦車砲に砲安定装置が装備されており、これを作動させることにより砲手の照準が容易になる。しかしながら、自動追尾のように標的をロックするものではないので、行進間射撃の際は操縦手も速度の維持や車体の動揺に注意して操縦しなければならない。

「操縦手とは事前に打ち合わせ、射撃予習で要領を確認し合って成果につながったのかなと思います」

岸根3曹にとって74式戦車はどのような存在なのだろう――

「自分が新隊員の時から携わってきた戦車なので馴染みがあります。まだまだ現役で戦っていける戦車だと思うので、退役が近いのは名残惜しいです」

74式戦車とともに過ごせる残りの時間をどのように過ごしていきたいか――

「最後まで活躍させたいと思います。それが戦車にとってもうれしいと思います。残りの時間を一緒に頑張っていきたいです」

「育ててくれてありがとう」――操縦手 佐々木理絵陸士長

近年、陸海空自衛隊は女性隊員に戦闘職種への門戸を開き、航空自衛隊では戦闘機パイロット、海上自衛隊では護衛艦や潜水艦の乗員が誕生している。陸上自衛隊では空挺隊員や戦車乗員になる道が開かれた。

佐々木士長は陸上自衛隊初の女性戦車乗員の一人である。先駆者としての想い、悩み、そして希望をぜひ聞いてもらいたい。

宮城県大崎市出身（25歳）。宮城県・多賀城駐屯地の第119教育大隊で前期教育を受け、機甲科職種を希望した。第9戦車大隊で後期教育を受け、修了後、そのまま第9戦車大隊に配属となった。

機甲科と戦車乗員を希望した理由は――

「偵察部隊を含めて機甲科に興味があって希望しました。後期教育で74式戦車に触れて、乗員として勤務したいなと思いました」

機甲科への門戸が開かれたことは前期教育の職種選択の際に知らされたという。

現在、操縦手をしているということで、操縦手として心がけていることは――

「三つあります。その場の地形に応じた操縦をすること。車長の意図をできるだけ理解して操縦すること。戦車をどのような状況や地形でも操縦できるように自分の練度を向上すること、です」

戦車の操縦中にあった思い出深い出来事は何かありますか――

「冬期に戦車の排水弁が凍って排水できず、日中に雪解け水が入ってさらに水が溜まってしまって。そのままにしていたらブレーキとアクセルが凍って、操向レバーも動かしていないのに意図しない方向に動いてしまうという状態になってしまったことが印象に残っています」

操縦手のやり甲斐や難しいところは――

74式戦車操縦手、佐々木理絵士長。さまざまな壁を乗り越えて今の自分を勝ち取った。今では経験豊富な操縦手として活躍している。

「やり甲斐は射撃訓練や記念行事で操縦手同士で話し合って戦車の動きを揃えたり、射撃がうまくいった時に感じます。難しい点は心がけていることと通じるのですが、車長の指示の下、その意図を理解して操縦手として自分なりにどう戦車を動すか、というのが難しいかなと思います」

74式戦車の乗員配置では操縦手の経験が最も長かった筆者にとって、佐々木士長が難しいと感じる点は大いに共感できた。

操縦手は「車長の命令を厳守」が決まりである。だが「停止用意……止まれ」と停止の指示が出された時、操縦手が停止位置に不安を感じれば躊躇してしまい、時には「ここで停止ですか？」と聞き返して車長に「止まれって言ってんだからここで止まれ！」と雷を落とされることもある。だが、基本的に車長は周囲の状況を考慮し、意図をもって指示、号令を出しているのだから、それに従った操縦をしなければ車長の意図を妨げることになる。

74式戦車にまつわる思い出やエピソードは――

「令和3年度の中隊検閲において、夜間操縦で100キロメートル以上の距離を完走したことです。当初、前を走る先輩の戦車に追いついていけなくて、かなり離されてしまい、大隊長から操縦手を替えろと指示があったのですが、中隊長と車長が『もう少し頑張ってやらせたい』と上申して下さり、最後は先輩の操縦にもついていけて完走できました」

すごく自信につながったんじゃないですか――

「そうですね」

74式戦車の操縦用暗視装置は今となってはかなり旧式化し、その夜間視察能力は90式戦車用と比べてもかなり劣る。佐々木士長はどう感じたのか――

「練成を繰り返したので、支障なく操縦できました」

でもよかったですね、中隊長が上申して下さって――

「はい。とても励みになりました」

中隊長が大隊長に上申して下さった――

「中隊長ご自身も悩まれたそうなんです。でも、いちばん身近で乗員を見ているのは車長なので、その車長を中隊長が信じて上申して下さったと聞きました」

では、佐々木士長にとって74式戦車とは――

「配属当初は女性乗員は自分以外いなくて。女性が戦車大隊に来ることをいいと思っている人とそうでない人もいて、応援して下さる方と『いや、女はいらない』という人たちの中で『私はどうしていったらいいいんだろう』とずっと考えていて……。居場所がないというか、自分で居場所を作っていかなきゃいけないのかなと思案するばかりでしたが、装填手や操縦手を務めながら経験を積んでいくことで周りも認めてくれるようになったんです。そういうことを見守ってくれた、そういう環境の中でも『でも私はやっぱり乗員がいいな』と思えたので……74式戦車は一人の上司みたいな存在かなと思っています」

「……やっぱり何回か辞めたいと思って。民間企業へ就職を考えたこともあったんです。でもやっぱり乗員の先輩たちを見てるとカッコいいなと。あとここで辞めていいのかなって」

佐々木士長は負けん気が強い――

「いえ、強くはないと思うんですけど……しばらく落ち込んだこともありました。何か、女性が戦車に乗っているのがいいのか悪いのかがわからなくなった時期があって」

最初は戦車が好きで入ってきたけど、疑問が湧いてきたのですか――

「そうですね。ただ、乗って終わりじゃないですよね。やらなくてはいけないこと……体力的に凄く頑張らないとついていけない、それを続けていくかどうかと考えると、ずいぶん葛藤がありました。カッコいいとか女の子でも戦車乗れるよ！　というのをSNSなどで発信してもらってるんですけど、でも、それが正しいのかなとか。いろいろ考えすぎていたかもしれませんけど」

考えすぎてしまう性格ですか――

「はい。でもやっぱりカッコいいなと思っているんで、今は誇りに思っています」

これからも続けて、ステップアップしていきたいと考えていますか――

「そうですね。自分が頑張ることで、これからも女性自衛官が入ってくると思うので、それを伝えられたらいいかなと思います」

現在、ほかの方面隊の部隊にも戦車や機動戦闘車の女性乗員がいますが、ライバル心や負けたくないみたいな気持ちはありますか――

「私は近く陸曹教育隊に入校してその方たちと一緒になるんですけど、楽しみです。いかに盛り上げていけるか、皆で頑張っていけるかなって思っています。よい意味でライバル心かもしれないですね」

最後に、74式戦車への想いを聞かせてもらえますか――

「戦車は夏は暑い、冬は寒いじゃないですか。アザも男性よりできやすいんです。だから袖の短い服とか着てるとアザがいっぱいあって、爪とか髪もすぐボロボロになるし、なんなんだろうって思うんですけど、でも、こういう体験ってほかではできないことですし、それで自分も成長させてもらった部分も多いので、戦車の乗員として勤務できてよかったなと思います。将来的に74式戦車が退役してもＭＣＶの乗員としてこれからも頑張っていきたいと思えるようになりました。『育ててくれてありがとう』というのが贈る言葉ですね」

そして「上司として敬意を持ちつつ同期みたいな身近な存在として74式戦車の残りの時間をともに過ごしたい」。佐々木士長は笑顔で話した。

「1秒でも速く装塡できるよう心がけています」——装塡手　松田多玖也（まつだたくや）陸士長

松田士長（24歳）は令和元年に第9戦車大隊に配属された。戦車大隊勤務4年目だ。筆者の勝手な想像だが、部隊にも職務にも慣れてきて、充実している時期ではないかと思う。

岩手駐屯地が所在する岩手県滝沢市の隣、盛岡市の出身。多賀城（たがじょう）駐屯地の第119教育大隊で前期教育を受け、第9戦車大隊で後期教育。修了後そのまま第9戦車大隊配属となった。

若手隊員の視点、考え、声、ベテランからは聞けないこともあると思い、耳を傾けた。

機甲科職種と戦車乗員を希望した理由を聞かせてもらえますか——

74式戦車装填手、松田多玖也士長。戦車乗員として少しでも早く技量向上したいという気持ちがあふれていた。

「もともと地上最強兵器ともいわれる戦車に興味と憧れがあったのと、岩手の戦車部隊に勤務することで出身地の岩手に貢献できるということで希望しました」

松田士長の職務は装填手。戦車乗りの最初のポジションである。どのような心がけで職務に就いているのだろうか——

「確実・迅速です。当然ながら砲弾がなければ戦車は射撃できないので、装填手という乗員ではいちばん若手ながら大役を担っているという意識をもって1秒でも速く、確実に装填できるよう心がけています」

装填手のやり甲斐や難しいところは——

「やり甲斐は演習時に感じます。装塡手も視察、索敵を行ないますが、自分が敵戦車を発見して車長に報告、砲手が砲を敵を指向という時に一体感、やり甲斐を感じましたね。一方で、やはり経験が浅いので、ほかの乗員に比べて状況の把握に戸惑うことがまだまだあります。無線交信や周囲の状況、車長の意図を理解するためにもそこをもっとしっかりできるようになりたいと感じています」

状況を理解すれば、自ずと自分のやるべきこともわかってくる——

「その通りです。そこが大切だと思います」

74式戦車にまつわる思い出やエピソードは何かありますか——

「戦闘室内でよく身体をぶつけてアザをつくることがよくあります。それと、戦車砲の行進間射撃ですね。動揺が激しいなかでの装塡は難しいのですが、それを頑張ったことです」

74式戦車は松田士長にとってどのような存在ですか——

「戦車は強力な火力と機動力を持つ反面、その運用には注意しなければならないことがさまざまあります」

その注意すべきこと、危険行為などを防ぐために心がけていることは——

「基本・基礎の確行(かくこう)です」

74式戦車とともに過ごせる時間は残り少ない。先輩の乗員と比べれば乗車の機会や乗車時間が少ない松田士長はどのように74式戦車と接していきたいのだろう——

「自分たちの愛車なので、仮に有事が起きてもいつでも能力を最大発揮できるよう維持していきたいです」

最後に74式戦車へのメッセージとして「4年間お世話になりました。長い間、日本と岩手の護りとして任務に就いてくれてありがとうございました」。松田士長は神妙な面持ちでそう締めくくった。

コラム❺二人の曹長の思い出

自衛隊生活の中で、陸自はもちろん、海自、空自とも数え切れないほどの隊員とともに勤務したが、所属していた戦車部隊のことを思い出す時、二人の曹長を思い出す。

まずI曹長。長きに渡る北海道勤務を経て、私の所属部隊に帰ってきた方だ。俳優としてもやっていけそうな整った顔立ち。戦車に乗る時は必ず迷彩マフラーをピシッと首に巻くのが常で、それがまた凛々しく、私は内心「ミスター戦車」と呼んでいた。

訓練や演習でI曹長の戦車に装填手や操縦手として乗車することが多く、的確で無駄のない指示号令のおかげで装填手動作も操縦もとてもやりやすく、戦車乗員が追求する「人車一体」を強く感じたものである。

そのため、自然と士気も高まり「この人と一緒なら喜んで戦う」と思っていた。私が転属で部隊を離れる時は大隊本部で人事の職に就いておられ、最後までお世話になった。今でもI曹長に号令を下されれば、74式戦車を自由自在に操れるような気がする。

そしてE曹長。同じ戦車に乗る機会は少なかったが、この方はI曹長とは違うタイプだった。

ある日の終礼前。廊下で掲示板を眺めていた私の耳に「若い衆」の会話が入ってきた。

「なあ、E曹長、慰霊碑に敬礼するんだぜ？」

「ああ、俺も聞いた。慰霊碑の前を通る時は必ず敬礼するんだってな」

筆者は演習場内に慰霊碑があるという話は聞いていたが、その位置は知らなかった。

自衛隊の訓練は安全管理が厳格とはいえ、非常に危険な状況で訓練することも多い。大きな演習場では訓練中に事故で殉職した隊員の慰霊碑が建立（こんりゅう）されていることが少なくない。

冬も近づいたある秋の日、私の所属中隊は演習場で訓練を実施し、私は珍しく3トン半トラックの操縦手として参加していた。隣に座る車長はE曹長である。

訓練が終了し、荷台に訓練資材を積み込んで、運転席につくとE曹長に尋ねた。

「帰りの経路、どうします？　自分、ここまで上がってきたのは初めてで、あまり地形がわからないのですが……」

「この広場を出て、まっすぐ降りれば○○道に出るぞ」

「そこまで行けばわかりますね。では行きます」

エンジンを始動し、発進。下り坂をゆっくり下る。

数分後、左手の道路脇に何かが見えた。

(石碑？　いや、もしかして、あれが慰霊碑か……。ここにあったのか)

トラックの速度を加減するのも何となくはばかられ、速度を維持してゆっくり進む。慰霊碑は目の前だ。

そして慰霊碑の前を通過する直前。

E曹長は慰霊碑を向いてゆっくり右手を挙げ、敬礼した。

私は横目でその姿をちらと見て、あとはずっと前を見て操縦に専念した。

あとで聞いた話によると、E曹長と殉職した隊員は同期で、とても仲がよかったそうだ。

先に逝った戦友をいつまでも忘れない。映画や小説の中ではなく、自分の目でその姿、その精神を目の当たりにして「軍人かくあるべき」と思った。その日以来、E曹長の印象が大きく変わったのは言うまでもない。

第10章　新戦力「16式機動戦闘車」

16式機動戦闘車は74式戦車の代替たり得るか？

2023年現在、74式戦車の退役が進む一方、16式機動戦闘車の配備が進んでいる。運用構想に違いはあるものの、16式機動戦闘車は74式戦車の任務を受け継ぐ存在である。「戦車」と「装輪戦車」、車種や運用構想が異なる車両を比較するのは少々乱暴かもしれないが、ここではあえて16式と74式を比べ、さまざまな状況下における性能と運用の差異について考察し、16式機動戦闘車の配備と74式戦車の退役がもたらすもの、「何ができるようになり、何ができなくなるのか」を浮き彫りにしてみよう。

そもそも、74式戦車は陸上自衛隊においてどのような位置づけの車両であったのか。先代の61式戦車を生産数、性能両面で大きく上回り、また次代の90式戦車が登場し、北海道への配備が進む間も本

仙台駐屯地で挙行された東北方面隊創隊記念行事において観閲行進を行なう第22即応機動連隊機動戦闘車隊の16式機動戦闘車。今後、東北における機甲戦力の中核を担う。

州・九州の各師団・旅団において直接火力の中心を担い、名実ともに「主力戦車」の座にあった。

大規模な改修、近代化は見送られ、現代戦に対応できないとも言われ続けたが、貫徹力に優れる93式装弾筒付翼安定徹甲弾（APFSDS）の装備により、有事の際、交戦が想定される敵主力戦車にも打撃を与える能力はあるとされ、数的勢力を90式戦車に譲り、10式戦車の配備が進む現在も74式戦車は第一線で任務に就いている。陸上自衛隊の「戦力」として、いまだその存在価値は失われてはいない。

陸上自衛隊は機動戦闘車に何を求めるか

機動戦闘車は２００６年度に作られた政策評価書によると、「機甲科部隊に装備し、多様な事態への対処において、空輸性・路上機動性等に優れた機動性をもって迅速に展開するとともに、中距離域での直接照準射撃により軽戦車を含む敵装甲戦闘車両等を撃破するために使用する」とされている（「機甲科部隊」は翌年の政策評価書で「戦闘部隊」に変更）。

要するに「迅速に展開し、直接火力をもって敵と交戦、撃破」する装備品であり、特に迅速な展開は戦車には難しい場合もあり、これが機動戦闘車の最大の長所であろう。まさに平成25年に閣議決定された「平成26年度以降に係る防衛計画の大綱」いわゆる「25大綱」を踏まえて陸上自衛隊が打ち出した陸上防衛構想「統合機動防衛力」を象徴するのが16式機動戦闘車といえる。

各状況下における16式機動戦闘車の行動

防衛省が想定している機動戦闘車の運用法は、大きく分けて二つの状況で説明されている。

①島嶼部に対する侵略事態対処

②ゲリラや特殊部隊による攻撃等対処

まずこの二つの状況下での行動を考察してみよう。

島嶼部に対する侵略事態対処

●島嶼部への進出

機動戦闘車が島嶼部へ進出する場合、空輸と海上輸送の二通りの方法が考えられる。空輸は現在、航空自衛隊で配備が進んでいるC-2輸送機で行なわれるだろう。その際、敵の航空勢力の排除は確実に行なわれねばならない。つまり制空権（航空優勢）の確保である。

同時に、安全に着陸可能な飛行場の確保も重要だ。「安全」というのは、滑走路が敵の攻撃などでダメージを受けていない状態で、輸送機の着陸進入中や機動戦闘車の卸下時に敵の攻撃や妨害を受けないことを意味する。

また、戦車と同様、機動戦闘車の戦闘における部隊最小単位は小隊であることから、4機の輸送機が必要になる。これができない場合、逐次投入という手段もあるが、機動戦闘車が持つ迅速性を活かすためにも、小隊を一挙に投入するのが最も望ましいだろう。

海上輸送は島嶼部近海までは「おおすみ」型輸送艦が適任である。その後、LCAC（エアクッション型揚陸艇）に搭載、浜辺などにビーチングして機動戦闘車を卸下、もしくは港湾施設が使用可能かつ時間的状況が許す（敵の上陸までの猶予があるなど）場合は輸送艦から直接上陸も可能だろう。

LCACを使用する場合、輸送機使用の場合と同様、機動戦闘車4両を同時に揚陸させるためにLCAC4隻、おおすみ型輸送艦が2隻必要になる（おおすみ型輸送艦はLCACを2隻搭載）が、L

16式機動戦闘車の主装備は105ミリ砲だ。強力な火力と高い機動力を同時に発揮し敵機甲部隊とも十二分に渡り合う。

CACの航続距離は35ノット（時速約65キロ）で航行すると約550キロもあるため、目的の島嶼部から離れた場所で発進し、機動戦闘車を搭載したLCACのみで上陸を敢行することも可能と思われる。

海上輸送であれば、戦車も輸送艦およびLCACへの搭載卸下が可能であるため、運用上の機動戦闘車との差異はさほどないように思える。しかし、戦車は空輸が不可能だが、機動戦闘車ならば展開時に必要な支援機材を含めて輸送機4機（機動戦闘車1個小隊4両の場合）で足りるという利便性がある。

●上陸から展開へ

上陸後は機動戦闘車の走行能力を活かし、目的地まで短時間で移動、陣地進入が可能であるが、この際、前進経路の確保、先遣部隊による誘導、適切な陣地選定が重要になる。

前進経路の路面は舗装路が望ましい。未舗装でも凹凸が少なく、装輪車が走行可能な道路の選定が重要となる。戦車であれば前進経路が整備されていなくとも、装軌車の特性で走破できるので道の善し悪しはさほど問題にはならない。地形の状態によって行動の制限を受けるのは装輪車両の弱点である。

先遣部隊の誘導員は機甲科隊員ではなくとも、戦闘車両の運用に精通した隊員が必要になる。戦闘の中心となる普通科部隊を効果的に支援できる陣地を選定しておけば、機動戦闘車は降着または上陸から進出、そして陣地進入といった戦闘開始前の一連の流れをスムーズに進めることができるからだ。

また、進入する陣地は地形の活用が重要になるだろう。戦車の場合、姿勢制御を利用することにより、さまざまな地形において効果的な隠蔽・掩蔽が可能であり、ドーザー装備戦車であれば、自力で陣地構築も可能である。それに対し、機動戦闘車は姿勢制御が不可能なうえ、全高が標準姿勢の74式戦車よりも高く、また支援なしでは防御陣地の構築もできない。

10式戦車譲りのFCSや行進間射撃能力を駆使して積極的に攻撃前進することも考えられるが、島嶼部とあっては面積や地形といった部分で、その能力を活かせる場面は限定される可能性がある。

●島嶼部における戦闘

防衛省が発表した機動戦闘車の運用構想において、「島嶼部に対する侵略事態対処」での機動戦闘車の役割は「直接照準火力による撃破」である。これは戦車を用いた場合も同じで、出動から交戦までの間、展開・進出における機動戦闘車と戦車、それぞれの長所・短所は顕著であったが、交戦すれば機動戦闘車の戦闘能力は戦車と同様に考えてよいだろう。

先にも触れた通り、機動戦闘車のＦＣＳの性能は10式戦車のＦＣＳと同等とされるが、制式化に6年の差があり、10式のＦＣＳの性能を大幅とはいかないまでも部分的に上回っている可能性はある。

主砲は１０５ミリ砲と、戦車や同等の火力を持つ戦闘車両の現勢を考えると、少々その威力に力不足を感じなくもないが、敵上陸部隊の先遣に主力戦車が同行する可能性はそう高くはないだろう。火力の部分でいえば機動戦闘車と同等か、それ以下の能力を持つ水陸両用戦車や装甲戦闘車両が相手になると考えた方が妥当と思われる。

仮に主力戦車級の車両が相手になったとしても、新開発の１０５ミリ砲とＡＰＦＳＤＳの組み合わせで相当の打撃を与えることは十分に可能だろう。

防御面については当然のことながら、装甲厚や詳しい防御性能は明らかになっていない。開発にあたって参考にされたと思われる兄貴分、イタリアのチェンタウロ戦闘偵察車、また南アフリカのルーイカットが正面装甲で20～23ミリの機関砲弾に対する耐弾性能があるといわれていることから、機動戦闘車も同等の防御力を持つと考えてよいだろう。

さらに今後、新型装甲の開発、装備が実現すれば、さらなる防御力の向上が期待できる。また、同車が隠蔽、掩蔽能力で戦車に劣ることは先に指摘した通りだが、それを補完するため、防御戦闘時はバラキューダなどによる偽装も実施するべきだ。

一例として、スウェーデンのサーブ社が開発したMCS（モバイル・カモフラージュ・システム）という最新型バラキューダは視覚的効果のみならず、各種赤外線の放出を大幅に削減できるという。日本においても、装備品の短所を補い、長所を最大限に活かすためにも、このような装備品を積極的に導入するべきだろう。

想定される敵戦闘車両には対戦車ミサイルを装備できるものもある。陸自部隊が十分に準備をしたうえで迎撃する場合、直接火力や部隊勢力で劣る上陸側としては、劣勢を挽回する手段として誘導兵器を効果的に使用する可能性は高い。

直射火力で劣るなら、アウトレンジからミサイルなどを使用すれば先手を打てる。これは機動戦闘車にとっては大きな脅威になるだろう。有効な対処手段はレーザー検知器と発煙弾発射装置のみであるからだ。

敵誘導兵器とそのプラットフォームに対しては先手を打たねばならず、そのためには中距離多目的誘導弾や01式軽対戦車誘導弾などの支援が必要だろう。また、陸上自衛隊は現在、戦車をはじめとする装甲戦闘車両向けにアクティブ防御装置を研究開発中だが、実用化、装備化まではまだ時間がかかりそうだ。完成、装備化が始まった際には、即応展開に用いられる機動戦闘車に優先して装備するべきだろう。

ゲリラや特殊部隊による攻撃等対処

防衛省が発表した運用構想図には建物に立てこもる人員を攻撃する様子が描かれているので、実質的には市街地戦闘における機動戦闘車の運用法と考えて差し支えないだろう。その図を見る限り、この状況下では普通科部隊の火力支援を主任務としているようだ。

●進出・展開

敵部隊の展開地域が比較的近距離で、なおかつ補給などの支援態勢が整っていれば、もよりの駐屯地、もしくは集結地などから敵部隊の位置まで高速道路や一般道を使用し、速力を発揮して短時間で進出が可能だ。

戦車の場合はトランスポーターが必要になるが、搭載卸下に時間と手間がかかる。戦車輸送はトランスポーターにただ載せればよいというものではない。自走で慎重に積載したあと、チェーンブロックや枕木を用いて緊定(きんてい)する。この作業を確実に行なわなければ、移動時にバランスを崩したり、トランスポーターの走行にも悪影響を及ぼしかねない。

機動戦闘車の自走移動にはこういった手間が一切かからない。迅速な進出・展開能力は機動戦闘車の大きな長所だ。まさに本領発揮である。

●戦闘

運用構想図によると「普通科部隊の前進援護」および「普通科部隊の突入支援」が主な任務となるようだ。この場合、主砲である105ミリ砲とともに12・7ミリ重機関銃と7・62ミリ車載機関銃も併用する機会が多くなるだろう。

機動戦闘車はRWS（リモート・ウエポン・ステーション：遠隔操作式無人銃塔）の装備試験が実施されており、将来的に装備化される可能性がある。市街地戦闘においては有効な装備となるだろう。

特に高所に対する射撃は105ミリ砲と車載機関銃では仰角に限界があるため、砲塔上に装備した12・7ミリ機関銃を使用することになる。RWS未装備で乗員が射撃を行なう場合は、乗員保護のため全周防御型の防盾の追加装備も必要となるだろう。

同様に、砲塔上面に増加装甲を装備するなど、高所からの攻撃に対する防御力強化も必要だ。また105ミリ砲弾については、74式戦車と互換性があり、砲弾の共用が可能である。

使用砲弾にはAPFSDS（装弾筒付翼安定徹甲弾）、HEAT-MP（多目的対戦車榴弾）のほか、HEP（粘着榴弾）がある。また市街地戦闘における敵部隊制圧に有効なキャニスター弾の導入を検討すべきであろう。

普通科部隊と緊密に連携するとはいえ、あくまでも火力支援が主任務のため、敵火力の射程内への接近は避けたいところである。やむを得ず市街地へ進入する場合は瓦礫やバリケードなどの障害物の除去能力も必要だ。

戦車のような装軌車両であれば走破可能だが、装輪車両には難しい。他国の装輪戦闘車両にはドーザーブレードのような障害物除去装置を装備した車両もある。これに倣って機動戦闘車にも同様のものをオプションとして装着可能にするのも有効であろう。

想定される活躍の場

陸上自衛隊が想定しているかどうかは不明だが、機動戦闘車が出動する戦闘状況はほかにもある。そちらにも目を向けてみよう。

●威力偵察

現在、この任務は87式偵察警戒車が主に担っているが、兄貴分のチェンタウロ戦闘偵察車がその名の通り偵察任務も担っており、今後は各部隊の機動戦闘車も戦闘間、この任務が付与される可能性はある。

この場合、火力と機動性は申し分ないと思われるが、車体の大きさがネックになるだろう。また、対地レーダーのような偵察機材も装備していない（視察・監視に関しては照準用潜望鏡で代用可能かもしれないが）。

現在、偵察の手段としてドローンをはじめとするＵＡＶによる偵察が主流になりつつあり、射撃をともなうとはいえ、あえて自らの姿をさらして危険を冒す威力偵察は、任務としては減少していくのかもしれない。

●海外派遣任務

これまで考察した任務の中で機動戦闘車にマッチする任務の一つは海外派遣任務だろう。

実際、イタリア軍はソマリアＰＫＯ、ＩＦＯＲ（ボスニア・ヘルツェゴビナ展開和平履行部隊）などにチェンタウロを参加させており、同車のこれらの任務に対する適応性を証明した。対抗勢力が戦車や装甲車両を装備していたＩＦＯＲ任務では、チェンタウロは作戦に参加する兵士にとって非常に心強い存在であったという。

陸上自衛隊の海外派遣任務で使用された装甲車両といえば、96式装輪装甲車、軽装甲機動車、82式指揮通信車が挙げられる。このうち、12・7ミリ重機関銃を装備する96式装輪装甲車は、イラク派遣ではコンボイ護衛などで重要な役割を果たした。

イラク派遣部隊にとっての脅威は主に武装組織であり、仮に襲撃されても車載の重機関銃や隊員が携行する84ミリ無反動砲、110ミリ個人携帯対戦車弾で対処可能であったと思われる。

機動戦闘車が海外派遣部隊に装備されるとすれば、脅威度が高い任務・地域に赴く場合であろう。将来的にそのような地域に派遣される可能性はゼロではない。また、機動戦闘車の装備によって、陸上自衛隊は脅威度の高い任務にも対応できると判断されるかもしれない。

各状況で共通する課題

以上、さまざまな状況における機動戦闘車の役割や戦車との差異を論じてみたが、どの状況においても共通する課題について述べたい。

協同戦闘の重要性

言うまでもなく、戦闘地域において戦車のみでの行動は非常に危険であり、他職種部隊との協同が絶対条件となる。機動戦闘車は迅速な機動と任務に対する融通性において戦車を凌駕するが、主となる火力戦闘においては火力・防護力で戦車に劣る。

普通科部隊との協同、いわゆる「普戦協同」は陸上自衛隊の得意とするところであるが、機動戦闘

普通科隊員と協同して戦闘を実施する16式機動戦闘車。普通科部隊との協同戦闘も16式機動戦闘車の重要な任務のひとつである。

車が行動する際は戦車以上に密接な連携が必要となるだろう。

機動戦闘車の試作車両には人員輸送型が存在した。車体後部に89式装甲戦闘車や73式装甲車と類似した観音開きの扉を設け、兵員室に2〜4名の人員が乗車できる車両である。

実際にチェンタウロ戦闘偵察車の後期型はこの仕様になっている。普戦協同を重視し、普通科隊員の支援を常時、そして直接受けられるという意味では、こちらの型を制式化、もしくはコストがかかるだろうが、2タイプ両方を生産・配備した方がよかったと思うが、残念ながら人員輸送型の採用は見送られた。

しかしながら、機動戦闘車の配備先は即応機動連隊隷下の機動戦闘車隊と偵察戦闘大隊であり、特に常設の戦闘団ともいえる即応機動連隊では普通科部隊との連携が従来の都度の戦闘団編成と比べてさらに緊密となり、協同戦闘における機動戦闘車の能力発揮は容易になるだろう。

C⁴I能力の充実

現在、陸上自衛隊の戦闘車両で最も高いC⁴I能力を持つのは10式戦車であるが、即応部隊の装備の完全C⁴I化は喫緊の課題といえる。

機動戦闘車もC⁴I能力を持つ。これにより各部隊や10式戦車との連携が充実し、機動戦闘車はさまざまな状況において協同する部隊とともに戦闘を有利に進めることができる。

74式戦車を継ぐ

ここまで機動戦闘車の性能・運用について論じてきた。74式戦車と比べ、16式機動戦闘車の長所は足が速いことと、ネットワーク戦闘が可能な点である。

火力は74式戦車と同等であり、防御力に至っては戦車より心許ない。

機動力に関しては足は速いものの、各種地形の走破能力は完全に74式戦車が優れている。

しかしながら、機動戦闘車には長所と最新装備を活かした戦闘が可能であり、また最終的に戦いに勝利する決め手となるのは「人」「部隊運用」であると筆者は考える。

機動戦闘車の乗員は愛車を乗りこなし、的確に射撃し、僚車・協同部隊とよく連携し、戦闘を遂行する。そして指揮官は機動戦闘車部隊をよく掌握し、運用することでその能力の最大発揮が可能になり、10式戦車・90式戦車と並んで陸上自衛隊機甲戦力の一端を担い、74式戦車の任務を受け継ぐ存在として活躍できるだろう。

コラム❻観閲行進

観閲行進は戦車乗りの晴れ舞台である。そして操縦手の腕の見せどころだ。

自衛隊記念日観閲式（中央観閲式）をはじめ、各地の駐屯地記念行事で実施される戦車の観閲行進は二列縦隊で実施されることが多い。ちなみに東千歳駐屯地の第7師団創隊・東千歳駐屯地創立記念行事では、各種戦闘車両や自走砲などが三〜四列、戦車に至っては五列で車両行進が実施され、圧巻である。

式典が終わり、「観閲行進準備」の号令がかかると、観閲部隊指揮官が「観閲行進の態勢をとれーッ！」と号令する。各部隊長は同様に隷下部隊長に指示を出し、戦車乗員は駆け足で自分の戦車の前に整列、任務呼称をして乗車する。

乗車後はエンジン始動までハッチから顔を出してはならない。無線で各車から小隊長、小隊長から中隊長、中隊長から大隊長へ「準備よし」の報告がされると、しばし待機だ。その間、他部隊が観閲行進を実施

多くの観客の前で整然かつ美しく行進するためには、戦車の癖の把握と操縦手としての経験が重要だ。エンジン回転数に気を配りながら、前や隣の戦車との間隔をキープしつつ走行する。2023年の岩手駐屯地創立66周年記念行事では都市型迷彩と白色迷彩に身を包んだ特別迷彩戦車が並んで行進、注目を浴びた。

する（戦車部隊は車両行進のトリを務めることがほとんどである）。

しばらくすると、大隊長が「戦車大隊、運転始め！」と無線で号令、何十両もの戦車が同時にエンジンを始動、同時に乗員はハッチから顔を出す。観客席でどよめきが起こるのもこの時だ。

発進位置まで移動開始の時間になると、再び大隊長が「前照灯、点灯用意！」「点灯！」の号令。前照灯を点灯させる。続いて「戦車大隊、前進用意ッ！」と号令、同時に全車ギアを入れ、「前へ！」の号令と同時に一瞬クラッチをつなぎ、戦車を少しだけ前進させる。

その後は大隊長車を先頭に本部車両、本部管理中隊の車両、そして第1中隊といった順番で逐次発進位置へ移動する。

発進位置につくと、発進統制をする隊員がおり、前車との間隔を見計らい、部隊を発進させていく。手に持った小旗が振り下ろされると、いよいよ発進である。

「前進用意!」で中隊長が右手を垂直に挙げ、中隊各車の車長も同様に右手を挙げる。「準備よし」の合図である。

統制の旗が振り下ろされると同時に、中隊長は挙げた手を前に振り下ろしながら「前へッ!」と号令。前進を開始する。観閲台側の戦車の操縦手は前車との間隔、地面の履帯痕上をなぞるように走行しているかを確認しながら戦車を走らせ、外側の戦車の操縦手は同様の点に注意しながらも、さらに右側を走る戦車と並行になっているか横目で確認しながら操縦する。

この際、特に注意しなければならないのは、ギアチェンジを極力避けることだ。ギアチェンジを行なうと、車体が動揺し、濃い排気も出る。要は見栄えが悪いということだ。

前進開始でギアアップしたあとは、回転数を維持して戦車をスムーズに走らせる。観閲台が近づくと、中隊長が「かしらーッ!　右ッ!」と号令を出す。観閲台前を通過したあと「直れ!」の号令。式典会場の端まで進んだらパークに戻る。

多くの要人や高官、観客が見守るなか、いかに美しく走るか。式典で操縦手に指名されることは名誉でもある。

第11章　機甲新時代の先駆者に聞く

２０２３年現在も74式戦車を装備・運用し、筆者が現役の際に所属していた第9戦車大隊に続き、74式戦車に続く新戦力、16式機動戦闘車を装備する第22即応機動連隊機動戦闘車隊を取材する機会に恵まれ、機動戦闘車隊長をはじめ16式機動戦闘車の乗員の方々には74式戦車と16式機動戦闘車の違いは当然ながら、新しい装備・技術・運用についてもさまざまな話を聞くことができた。

機動戦闘車装備部隊、16式機動戦闘車について聞いていくうちに、筆者のそれまでの考えが根底から覆され、そして機動戦闘車と装備部隊の真の姿を垣間見ることになり、非常に有意義なインタビューとなった。

なお、隊長以下話をうかがった5人は全員、74式戦車搭乗経験を持っている。

16式機動戦闘車の戦い方——第22即応機動連隊機動戦闘車隊長 花山佳史(はなやまよしふみ)2等陸佐

花山2佐(46歳)は愛媛県出身。一般曹候補学生(2006年度で募集終了)として入隊。意外なことに、もともと自衛隊に興味があったわけではなく、募集案内のハガキを送ってみたところ、早速訪れた広報官の話を聞いて受験、入隊を決めたという。

機甲科を希望したのは機甲科が装備する各種戦闘車両に憧れを持ったためだという。当初配属された部隊は滋賀県・今津駐屯地の第3戦車大隊。ここで経験を積み、幹部候補生選抜試験に合格し幹部へ。いわゆる「叩き上げ」である。61式戦車から74式戦車、90式戦車の3車種の戦車と16式機動戦闘車に乗務した経験を持つ指揮官だ。

早速、74式戦車とその後継となる16式機動戦闘車との違いを聞くと、意外な答えが返ってきた。

「後継のようで後継ではないんですよ。設計コンセプトが違う。一方で中身も10式戦車の技術を盛り込み、74式戦車に乗っていた隊員が違和感なく移行し乗務可能なようにできています」

設計の時点から74式戦車とはまったく違う装備として生み出された。そのため、運用法も異なる。筆者は当初から16式機動戦闘車を74式戦車の後継と疑わず、装軌から装輪になっても基本的な戦術、運用は変わらないと考えていたが、まったく違うという。

第22即応機動連隊機動戦闘車隊長、花山佳史2佐。多彩な経験を大いに活かし、新世代の部隊の先頭に立つ。

「第6師団は機動師団なので、その先駆け。その中でも対機甲火力と機動力の発揮を期待されています。また、ネットワークと優れた監視能力を活用し、これらを有機的に結合して連隊の戦闘力を向上させる一役を担っています」

では、16式機動戦闘車はどのようにして戦うのか。その戦術は——

「16式機動戦闘車は74式戦車と同等の火力を有していますが、装甲防護力では74式戦車にはかないません。だから戦車のような戦い方はできない。正面から敵を迎え撃つのではなく、射撃陣地を複数、縦深にわたって設け、機動力を活かして射撃陣地へ移動し射撃を行ないます。それも敵の側方、後方から撃つといった戦い方をしなければいけない」

ここで筆者はある1枚の写真を思い出した。射撃陣地に進入し、射撃態勢をとっている16式機動戦闘車の写真なのだが、興味深いのは車体前部が砲塔と真逆の方向、陣地の開口部（進入口）を向いている、いわゆる「出船の態勢」になっていた。

つまり陣地進入は後進で行なったのである。これは戦車ではまずやらない方法だ。だがこの方法の利点は射撃後、迅速に射撃陣地から離脱できることである。16式機動戦闘車の射撃陣地進入はこの方法が基本になっていくのかもしれない。

「敵の致命的な弱点、たとえば敵の指揮所や兵站部隊を倒す。作戦全体の中で敵の弱点を分析してそこを撃破する。戦うべきところでは戦いますが、完全に撃破するのではなく継戦能力を奪う」

戦車の戦い方が刀を抜いて向き合う侍の戦い方だとしたら、機動戦闘車の戦い方は素早く縦横無尽に動き回り、小刀や手裏剣で敵の弱点を突く忍者の戦い方といえそうだ。

「従来の演習は演習場の中で行なっていましたが、2021年から演習場を一度出て、外の道路を走って敵の後ろに回る、といったことをやっています」

まさに柔軟かつ機動力を活かす戦い方である。これも従来の演習ではまずやらなかったことだ（さまざまな制約があり、難しいというのもあるが）。

しかし、演習でやらないこと、できないことを実戦でできるはずがない。第22即応機動連隊機動戦闘車隊は隊長の言う「敵の側背（そくはい）を突く」という16式機動戦闘車の戦い方をすでに実践しているのだ。

今回インタビューさせていただいた第22即応機動連隊機動戦闘車隊の精鋭。4名とも74式戦車の乗務経験をもち、インタビューでは両車の違いについても聞いてみた（宮城県・大和〔たいわ〕駐屯地にて）。

また、16式機動戦闘車の想定される任務として、市街地戦闘における普通科部隊の火力支援があるが、第22即応機動連隊では戦略機動における市街地の通過要領の演練を普通科部隊と連携しながら練成を進めているという。

後継ではなくまったく新たな装備品と部隊。知識として知ってはいても、実際に話を聞いてみると数々の興味深い話が出てくる。そして16式機動戦闘車の運用面の確立・進化も急速に進んでいることがうかがえる。では何もかもが変わっていくなかで、変わらないものはあるのだろうか――

「部隊の基本的行動や基礎動作はそれほど変わらないと思いますね。稜線射撃や躍進の要領、乗員のしつけもそうですね。戦車の上に立つな、とか言われたでしょう。それは今も同じ。足まわりの点検やオイルなどの点検もそうです」

装備品は変わっても「機甲科隊員」としてのしつけや基本、そして精神はこれからも受け継がれてゆくのだ。

最後に、74式戦車に対する想いを聞いてみた。

「乗員を育てるいい戦車ですね。『ありがとうございました。お疲れさまでした』と。まだまだ使える戦車はあるので、可動状態で残して欲しいですね」

日々訓練するしかない――小隊長兼車長 島田篤史3等陸尉

鋭い眼光に引き締まった身体。自衛官としても機動戦闘車小隊長としても威厳を感じさせる相貌。第一線で最新装備を駆使し、その小隊を率いる長にふさわしい方と見受けられる。島田3尉の指揮下に入る陸曹・陸士も「島田3尉なら」と士気が高まるのではないだろうか。

部隊歴をうかがって、それも納得した。島田3尉（46歳）は石川県出身。金沢駐屯地の第14普通科連隊で前期教育を受けた後、機甲科に進み、北海道・北恵庭駐屯地の第72戦車連隊で後期教育を受け、教育修了後はそのまま第72戦車連隊に配属された。さらに機甲教導連隊の前身である第1機甲教育隊第1中隊で助教として戦車乗員教育にも携わった経験をもつ。生粋の90式戦車乗員である。

その後、第6戦車大隊に転属し、改編と同時に第22即応機動連隊機動戦闘車隊に配属となった。最初に乗務した戦車が90式戦車。その後74式戦車に乗り、現在は16式機動戦闘車に乗務ということで、デジタル式のFCSなど、16式にはスムーズに移行できたのでは――

「私は90式のデジタルから入りましたが、その後74式でアナログをさわり、そして16式の最新機材に触ったのですが、やっぱり人間、ずっと同じものに触っていれば対応できるのかもしれませんが、携帯電話みたいなもので、肩掛け式からガラケー（フィーチャーフォン）になり、今はスマホみたいなもので、それぞれ慣れるのに大変なところはあります。そこは日々訓練するしかないです」

個人的にも非常に興味があった小隊指揮についても聞いてみた。筆者は単車指揮しか経験がないので、未知の世界である。さぞ難しいのだろうと思いきや……。

「単車指揮も小隊指揮もベースは同じだと思うんです。特に『信頼関係』が大事だと思っています。小隊長として動くうえで、指揮下の3人の車長との信頼関係ですね」

また、小隊長は小隊を指揮すると同時に、車長として自身が搭乗する機動戦闘車の指揮も行なわなければならないが、その点はどうだろう――

「車長も基本は同じですね。乗員の練度を確認し、心情把握も必要だと思います。それを乗員の練度向上につなげる。目標を与えてやることも大事です」

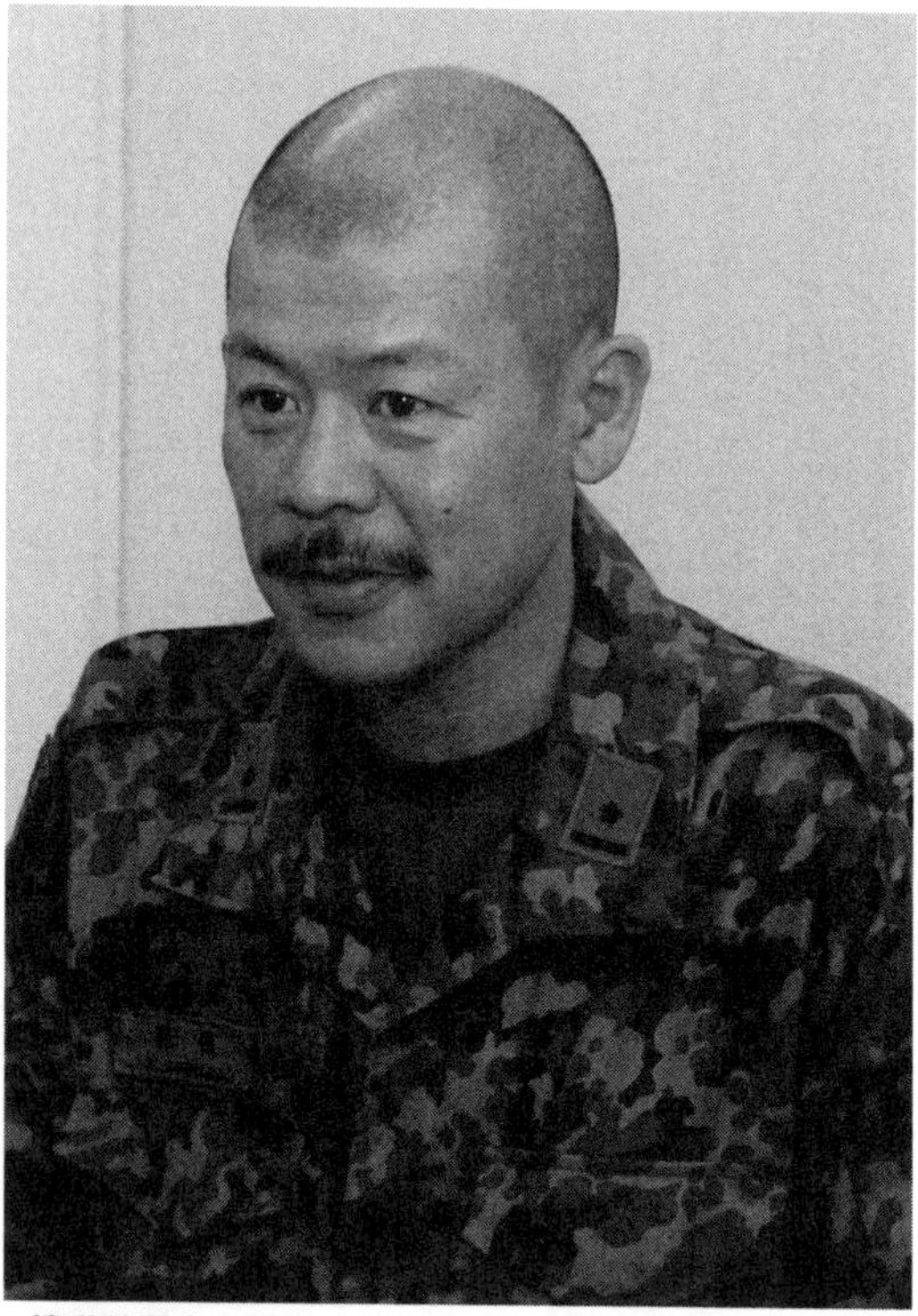

機動戦闘車小隊長、島田篤史３尉。戦車乗員として培った多彩な経験を活かし、機動戦闘車小隊を率いる。

第1機甲教育隊で教育に携わった経験をもつ島田3尉ならではの視点である。

また、島田3尉に話を聞くなかで出てきた「新しい発想」という言葉も印象に残った。機動戦闘車という新装備に乗務するうえで、乗員自身も新しい発想を持つことで機動戦闘車を理解し、より装備と一体化して動かすことができる。

筆者には小隊長と車長を兼務する島田3尉にぜひ聞いてみたいことがあった。

10式戦車や16式機動戦闘車はネットワークで情報を共有し戦闘指揮を行なう。だが、ネットワークシステムの操作に比重が置かれ、車長の肉眼による視察が常時できなくなっているという。74式戦車乗員としての性か、筆者はこれに少々不安を覚えるのである。16式機動戦闘車の車長たちはこれをどう考え、どのように対処しているのだろうか――

「ネットワークをいつ使うのか。これはタイミングをみて操作します。これについてはどの車長もまだ模索していると思います。またそれを考慮したうえでの動き方、戦い方も訓練を通じて考えていかなければならないと思います」

筆者はその言葉を聞いて、74式戦車の夜間射撃における投光器の照射要領が過去に試行錯誤、議論されたことを思い出した。

74式戦車に関する思い出やエピソードをお聞きすると、74式戦車の乗務期間は比較的短いとしながらも、米国射撃訓練に参加した時のことを話していただけた。

「日本国内ではできないような長い射距離での射撃をやるんですけど、長距離射撃の弾道を実際に見ることができたのが印象深いです。次はＭＣＶで長距離射撃をやってみたいですね」

最後に、島田3尉にとって74式戦車はどんな存在か、そして74式戦車に贈る言葉を聞いてみた。

「74式戦車といえば、全国のほとんどの機甲科隊員が乗ったことのある戦車だと思うんですけど、皆が勉強させてもらってお世話になった戦車だと思いますね。私より年上で『50年近くも現役でいてくれてお疲れさまでした』というのが74式戦車に贈る言葉です」

いかに相手を先に制するか——砲手 橋谷田友洸3等陸曹

戦闘服の胸に凜然と輝くレンジャーき章。筆者が現役の頃は砲手といえばおおむね2曹、まれに1曹が配置されるものだったが、3曹で砲手を務める橋谷田3曹はそれだけの練度と技術を兼ね備えているのだろう。16式機動戦闘車の射撃を担当する方からどんな話を聞けるのか。

橋谷田3曹（29歳）は福島県いわき市出身。当初は特に戦車に乗りたいという思いはなかったという。もともとオートバイに乗っていて、同じ機甲科の偵察部隊で偵察用オートバイに乗りたいと希望し、機甲科へ進んだが、74式戦車に乗務することになる。

まず、はじめに抱いた疑問をお聞きしてみた。3曹の砲手は珍しいのだろうか——

「だいたい3曹が砲手をやっていますね」

橋谷田3曹は74式戦車の砲手も経験しているが、機動戦闘車の砲手席に着いた時はどのような感想を抱いたのか——

「初めて着いた時は……タッチパネルがあったりして、近代的というか、やはり74とは全然違うなと感じました」

操作については——

16 式機動戦闘車砲手、橋谷田友洸 3 曹。74 式戦車の砲手経験があり、今は 16 式機動戦闘車の砲手としてさらなる高みを目指す。

「FCSが全部計算して撃ってくれる感じなので、74式よりは少し簡単になったかなと感じます」

74式戦車のFCSが操作しやすかったと感じたりはするのだろうか――

「いや、MCVの方がいいです」

若くして豊富な砲手経験を持つ橋谷田3曹。砲手として心がけていることは――

「全弾当てることよりも初弾発射の速さを心がけて訓練しています。百発百中ももちろん大事ですが、私は初弾の速さ、いかに相手を先に制するかだと思っています」

撃てば当たる、よりも敵に遭遇した際にコンマ何秒でも速く初弾を発射し、敵を撃破する。実戦においては重要な考え方である。

では砲手のやり甲斐や難しいところはどこだろう――

「砲手なので誰よりも速く射撃して当てるのはうれしいです。演習では序列が車長の次なので車長の補佐をして、車長不在時はその単車は砲手が指揮するので、乗員をまとめるのが難しくも、やり甲斐を感じます」

74式戦車に関する思い出やエピソードは――

「いちばん覚えているのは、初めて74式戦車に装塡手として乗った時に、連装銃（74式車載7・62ミリ機関銃）の弾込めがうまくいかなくて、車長から激烈な指導を受けまして、帰隊するトラックの荷台で『もうやっていけないんだろうな』と思っていたところに先輩がなぐさめてくださって、大泣きしたことです」

初めての乗員配置で何もかもうまくいかなかった。初乗務の緊張と不安は筆者も経験があるのでよくわかる。そして小さなミスが大事故につながることもあるため、車長が激昂するのもわかる。経験の浅い乗員を乗せていれば、どうしてもその隊員に目がいく。危険な動作や誤った操作をしないか、気になってそちらばかり見てしまうのである。

「その時、『自分にはやっていけない』と思ったんで……」

戦車乗りなら誰もが通る道、経験すること。橋谷田3曹の涙は彼が真摯に初乗務に取り組んだ証しにほかならない。

思い出深い74式戦車。橋谷田3曹にとってはどのような存在なのだろう——

「自衛官としても戦車乗員としても『基礎』を教えてくれた先生みたいな存在ですかね」

最後に、74式戦車にメッセージを贈るとしたら——

「いろいろなことを教えてもらって。退役した戦車が動かなくなって展示されているのを見ると寂しい気持ちと懐かしい気持ちを両方感じるんですけど……『お疲れさまでした』という感じですね」

「安全運転で迅速な運転を心がけています」——操縦手 及川皓行3等陸曹

筆者が戦車乗員として最も長くその配置につき、また最も自分に合っていると思っていたのは操縦手である。74式戦車の約38トンもの巨体を縦横無尽に走らせ、難所を走破した時や夜間操縦、長距離行進をやり遂げた時の達成感も大きい。

及川3曹（31歳）とは同じ操縦手として話が盛り上がるのではないかとインタビュー前から期待していた。話を聞くと、筆者よりも多彩な経験を持つ優秀な操縦手であった。北海道出身。身長が高く、ガッシリした体型はまさに「戦車乗り」にふさわしい。

陸上自衛隊入隊後は北海道、留萌駐屯地の第26普通科連隊で前期教育を受け、機甲科職種を選択。上富良野駐屯地の第2戦車連隊で後期教育を受けた。後期教育修了後はそのまま第2戦車連隊に配属

16式機動戦闘車操縦手、及川皓行３曹。74、90、10式戦車と16式機動戦闘車、機甲科の現用戦車すべての乗務経験を持つ。

となる。２０１４年、第2戦車連隊への10式戦車配備と同時に隊内異動し、10式戦車乗員となった。その後、第6戦車大隊に転属。改編と同時に現在の第22即応機動連隊機動戦闘車隊所属となった。

第2戦車連隊で当初配属となった中隊は74式戦車と90式戦車の混成中隊であり、両車に搭乗する機会に恵まれ、その後、10式戦車、現在の16式機動戦闘車と、若くして陸上自衛隊の現用戦車3車種と機動戦闘車の乗務経験を持つ。

筆者にとってはとてもうらやましい経歴である。3車種の「戦車」を操縦したあと「機動戦闘車」に乗った印象はどのようなものだろうか――

「やはりキャタピラからタイヤに変わって、動きも変わったのが印象深いですね」

筆者も機動戦闘車と同じ8輪の96式装輪装甲車を操縦した経験があるので、これには共感を覚える。装軌と装輪は完全に別物だ。

操縦手として心がけていることは――

「乗員の命を預かっている身なので、まず安全運転。それと迅速な運転を心がけています」

操縦手としてやり甲斐を感じたり、反対に難しい点は――

「やはりデジタル化されている部分が多いので、知識がないと難しいなと。勉強は常に必要だと感じますし、まだまだ乗って経験を積んでいっぱい覚えないといけないないなと感じます」

74式戦車に関する思い出やエピソードは――

「いちばんの思い出は助教として74式戦車の教育に携わって、今までの自分の経験を新隊員に教えることができ、また教えることで自分も知識を反芻することができました」

人に物事を教えるのは難しい。筆者も助教として各種教育に携わったのでよくわかる。

「難しいです。でも、教える面白みを感じましたし、やり甲斐がありました」

及川3曹にとって74式戦車はどのような存在か、そして、去りゆく74式戦車への思い、メッセージを聞いてみた。

「乗員の基盤を作ってくれた大切な存在だと思っています。自分が生まれる前からあった戦車ですし、いま乗員として勤務できるのも74式で学んだ知識あってのものなので、すごくお世話になったなと。『長い間、お疲れさまでした。ありがとうございました』というのが私の気持ちです」

74式戦車に携われた最後の世代――装塡手 佐藤健太3等陸曹

砲弾の装塡は装塡手の手によって行なわれる74式戦車。後継の国産戦車は90式と10式、ともに自動装塡装置を採用したが、16式機動戦闘車は手動装塡となり、装塡手が復活した。74式戦車と16式機動戦闘車、この2両の間で装塡要領などに違いはあるのだろうか。この点も筆者が気になっていた部分である。

佐藤3曹（24歳）は宮城県最北の栗原市出身。入隊は多賀城駐屯地の第119教育大隊。ここで前期教育を受けた。もともと戦闘職種を希望しており、大和駐屯地の第6戦車大隊が地元にも近いということで機甲科を希望、後期教育を経て戦車乗員になった。

早速、74式戦車装塡手と16式機動戦闘車装塡手の違いについて聞いてみた。

「MCVの装塡手席は広くなったので、装塡はしやすくなりました」

――装塡動作自体が容易なのですか――

「はい。装塡動作がやりやすくなりました。装塡手席が広くなったのと、弾薬架も砲弾が取り出しやすい配置になりました」

74式戦車装塡手と16式機動戦闘車装塡手で心がけは変わるのだろうか――

16式機動戦闘車装填手、佐藤健太3曹。郷土部隊で最新装備に乗務することを誇りとし、訓練に励む。

「基本は同じですね。確実な装填動作。これは変わらないです。砲の作動に関する安全管理も大事です」

装填手としてのやり甲斐や難しいところは

――

「やはり射撃で弾を込めて、砲手がそれを撃って当たればやり甲斐を感じますね。難しいのはスラローム射撃で機動間に弾を込めることです」

戦車と比べ、よりクイックに旋回可能な足を持つ機動戦闘車。激しく揺れる戦闘室内で体勢を維持しながらの砲弾装填が容易でないことは想像に難くない。これはまぎれもなく高等技術であり、74式戦車装填手ではあまり経験しないことだ。

74式戦車に関する思い出やエピソードは――

「私は『第6戦車大隊』で後期教育を受けた最

後の期でした。74式戦車の操縦訓練と検定を近くの王城寺原演習場内の検定コースで、7月の暑いさなかに操縦したのが思い出に残っています。教官がちょっと怖くて」

筆者が戦車の教育課程で学んでいた頃を思い出すと、教官といえば、どの教育訓練でも怖い教官しかいなかったような気がする。機器の操作手順を間違ったり危険動作があればすぐに怒鳴られ、厳しく指導される。何十トンもの鉄の塊を動かすのは命がけと言っても過言ではない。

機甲科の長い歴史の中で、訓練中に犠牲が出たケースも少なくない。怪我もかすり傷ですむようなものではない。教官が厳しく指導するのは安全と確実な動作を両立し、戦車を確実に「動かす」ためだと筆者は考える。

それでは、佐藤3曹にとって74式戦車はどのような存在なのだろうか――

「エンジン音が甲高くて、軽快に走り、弾を撃つ。魅力的な戦車だと思います」

あのエンジン音は独特ですね――

「駐屯地や隊舎にいても、遠くの74式戦車のエンジン音が聞こえて……あれは耳に残りますね」

最後に74式戦車への思い、メッセージをお願いします。

「ナナヨンにお世話になったのは短い期間でしたが、自分が74式戦車に携われた最後の世代だと思います。74式戦車の伝統を次のMCVにつなげていけたらいいなと思います。『短い期間でしたが、お世話になりました。装填手として乗務できて楽しかったです』」

資料編　栄光の74式戦車部隊史

戦車部隊の編成

筆者が現役の頃（2000年代初頭）、陸上自衛隊における戦車部隊の編成はおおむね次のようになっていた。

戦車小隊（戦車×4）
戦車中隊（戦車小隊×4）
戦車大隊（戦車中隊×3〜4）
戦車連隊（戦車中隊×5〜6）※独立戦車中隊を含む場合あり
戦車群（戦車中隊×5〜6）※独立戦車中隊を含む場合あり

このうち、戦車大隊は甲師団戦車大隊が4個中隊編成、乙師団戦車大隊が3個中隊編成であった。

甲師団とは4個普通科連隊基幹の師団、乙師団は3個普通科連隊基幹の師団である。

東北方面隊では、第9師団が乙師団、第6師団が甲師団とされ、第9戦車大隊は3個戦車中隊、第6戦車大隊は4個戦車中隊で編成されていた。

また、第6戦車大隊には本部管理中隊にも戦車（大隊長用戦車）が配備されていたが、第9戦車大隊では戦車中隊のみに戦車が配備され、演習の際は大隊長車を戦車中隊から抽出する必要があった。

2023年現在、本州を中心に残っている戦車大隊はほとんどが2個戦車中隊編成である。そしてこれら本州の戦車大隊は近い将来、師団・旅団偵察隊と統合し再編成、74式戦車から16式機動戦闘車に装備を更新し「偵察戦闘大隊」に生まれ変わる。

戦車北転事業の申し子、独立戦車中隊

1980年代後半にソ連の北海道侵攻に対する機甲戦力増強策として本州以南の各戦車大隊から1個戦車中隊を抽出、北部方面総監直轄の戦車部隊として配備する計画「戦車北転事業」が実施され、9個戦車中隊が北海道に移動した。その後の1991年3月、300番台のナンバーを与えられた独立戦車中隊が5個中隊編成され、配備された。
第316戦車中隊（上富良野）
第317戦車中隊（真駒内）

第３１８戦車中隊（真駒内）
第３１９戦車中隊（鹿追）
第３２０戦車中隊（北恵庭）
これらの独立戦車中隊は１９９１年の創設以来、最短で4年、最長で14年の部隊歴をもって全中隊が廃止されている。

74式戦車装備部隊紹介

戦後国産戦車の中では８７３両と最も多く生産された74式戦車。90式戦車の配備が始まる直前の陸上自衛隊の戦車部隊は、ほぼすべての部隊が74式戦車を装備していた。ここでは74式戦車を装備・運用した部隊・機関を紹介する。

なお、74式戦車運用期間は配備の年から運用終了、部隊廃止、脱魂式を実施した年とするも、運用終了の年が不明確な部隊は90式戦車配備の年とした。ただし、90式戦車が配備されても連隊・大隊などの戦車が一挙に更新されることはなく、2車種混成の時期は必ずあるため、90式戦車配備イコール74式戦車運用終了ではない。

富士学校機甲科部（１９５４年〜）

74式戦車運用期間……詳細は不明ながら、74式戦車制式化の翌年１９７５年から戦車教導隊への配備が開始されており、この時期には機甲科部も教材として74式戦車を保有していたと思われる。２０２３年の時点でも保有が予想される。

富士学校は普通科、特科、機甲科に関する教育・研究を行なう教育機関として１９５４年に開設。この際、富士学校内に「機甲科教育部」が設けられ、現在に至る。

機甲科部には戦車をはじめ、機甲科が装備する戦闘車両が教材として数両ずつ配備されており、機甲科部が実施する各課程教育で教材として使用される。

第１戦車団（１９７４〜１９８１年）

74式戦車運用期間……１９７８〜１９８１年

１９７４年、第１戦車群から第１戦車団に改編。隷下の第１０１戦車大隊を第１戦車群に、第１０３戦車大隊を第２戦車群に、第１０４戦車大隊を第３戦車群に改称、第１０２装甲輸送隊（上富良野）を編合。

１９８１年、第７師団の機甲師団改編（１９７６〔昭和51〕年に制定された「防衛計画の大綱（51大綱）」で機動運用部隊として１個機甲師団の編成が示された）により第１戦車団は廃止され、同時に第１戦車団としての74式戦車の運用も終了。第１戦車団隷下部隊は第１戦車群が北部方面総監直轄部隊へ。第２戦車群を第72戦車連隊、第３戦車群を第73戦車連隊にそれぞれ改編し、第７師団隷下に編合。

第1戦車群（1952〜2014年）

74式戦車運用期間……1978〜2014年

1952年、独立第1特車大隊として新町駐屯地（群馬県高崎市）において新編。

1953年、南恵庭駐屯地に移駐。

1954年、第101特車大隊に改編、北恵庭駐屯地に移駐。

1962年、第101戦車大隊に改称。

1974年、第1戦車群から第1戦車団への改編により第101戦車大隊から第1戦車群に改称。

1981年、第1戦車団廃止により北部方面総監直轄部隊となる。

2014年、部隊廃止。

第1戦車群は独立第1特車大隊を前身とし、長い歴史を持つ戦車部隊である。また、1991年に第320戦車中隊が新編された時点で第301〜第305戦車中隊、第320戦車中隊と、6個戦車中隊を擁する大部隊であった。

戦車教導隊（1954〜2019年）

74式戦車運用期間……1975〜2019年

1954年、第102特車大隊として富士駐屯地において新編。

1961年、2個戦車中隊を新編し、特車教導隊に改編。

1962年、戦車教導隊に改称。

２０１２年、１個戦車中隊廃止。

２０１９年、部隊の統廃合により廃止。

富士教導団隷下の教導部隊として主に富士学校機甲科部が実施する教育訓練支援を行なった。支援とはいえ、学生に直接指導を行なうことも多く、隊員には戦車に関する高い知識と豊富な経験が要求され、そのため戦車教導隊は高い練度を誇り、まさに「戦車のトップガン」というべき部隊であった。

第1機甲教育隊（1962〜2019年）

74式戦車運用期間……１９７６〜２０１９年
１９６２年、第１機甲教育隊として駒門駐屯地において新編。

２００２年、２個教育中隊を廃止。自動車教習所を隊本部に編合。

２０１１年、上級部隊である東部方面隊第１教育団の東部方面混成団への改編に伴い第１機甲教育隊も東部方面混成団隷下に編合。

２０１９年、部隊の統廃合により廃止。

機甲科陸曹・陸士の教育を担任する部隊として実に56年7か月もの間、教育任務を担当し、多くの若き機甲科陸曹・陸士を輩出した。２００２年の2個教育中隊廃止までは6個教育中隊編成であり、部隊規模だけで見れば戦車連隊に匹敵するほどの規模を誇り、富士学校機甲科部とならび、まさに機甲科教育の中心的存在たる部隊だった。

機甲教導連隊（2019年〜）

74式戦車運用期間……2019年〜運用中（2023年現在）

2019年、戦車教導隊・偵察教導隊・第1機甲教育隊を統合、再編成し、駒門駐屯地において新編。

長きに渡り戦車教導隊が担当してきた戦車教育支援、第1機甲教育隊が担当してきた戦車および機動戦闘車の教育、偵察教導隊が担当してきた偵察教育、これらを部隊統合により一元化し、機甲科の教育、教育支援、調査研究、調査研究支援の効率化が図られ、より高度な機甲科教育を行なう教育部隊として誕生した。

部隊訓練評価隊評価支援隊戦車中隊（2002年〜）

74式戦車運用期間……2002〜2019年

2002年、部隊訓練評価隊の新編に伴い滝ケ原駐屯地において新編。

部隊訓練評価隊評価支援隊は富士訓練センター（FTC）において対抗部隊を務める部隊であり、陸上自衛隊のアグレッサー（仮想敵部隊）とも呼ばれる。そのため富士訓練センターにおいては「第1機械化大隊」として行動し、戦車中隊は対抗部隊の戦車部隊として運用される。評価支援隊の隊員は陸上自衛隊の通常迷彩とは異なる独特の迷彩色の戦闘服（評価支援隊用迷彩服）を着用し、戦車中隊の戦車にも対抗部隊用の3色迷彩が施されている。

西部方面戦車隊（２０１８年〜）

74式戦車運用期間……２０１８〜２０２２年

２０１８年、第４戦車大隊と第８戦車大隊の一部をもって統合再編し、玖珠駐屯地において新編（４個戦車中隊）。

２０１９年、第３戦車中隊、第４戦車中隊を廃止。

26中期防（中期防衛力整備計画〔平成26年度〜平成30年度〕）において島嶼防衛力の向上、第４師団の地域配備師団化、第８師団の機動師団化に伴い新編された陸上自衛隊唯一の方面隊直轄戦車部隊である。２０１９年の部隊改編以降は本部管理中隊と第１戦車中隊、第２戦車中隊といった本管と10式戦車装備の２個戦車中隊で運用されており、自衛隊が南西方面の防衛を強化する現在、最も近い位置に配置された戦車部隊としてその重要度は非常に高い。

第２戦車連隊（１９５４年〜）

74式戦車運用期間……１９７６〜２０２３年

１９５４年、第２特車大隊として名寄駐屯地において新編。

１９５５年、上富良野駐屯地へ移駐。

１９６２年、第２戦車大隊に改称。

１９９１年、戦車北転事業により第３１６戦車中隊新編。

１９９５年、第２戦車連隊へ改編、１個戦車中隊新編（６個戦車中隊）。第３１６戦車中隊廃止。

２０１４年、師団改編により1個戦車中隊廃止（5個戦車中隊）。
２０２３年、1個戦車中隊廃止（4個戦車中隊）。
北海道のほぼ中央、上富良野の地で備えに就く歴史ある戦車連隊である。１９９０年代以降は6個戦車中隊を擁する道央防衛にふさわしい大部隊であった。２０２３年までは全国の戦車部隊でも珍しい国産3世代戦車全車種（74式、90式、10式）運用部隊であった。

第71戦車連隊（１９６１年〜）

74式戦車運用期間……１９７６〜１９９２年
１９６１年、第7特車大隊として北恵庭駐屯地において新編、東千歳駐屯地に移駐。
１９６２年、第7戦車大隊に改称、北千歳駐屯地に移駐。
１９８１年、師団改編に伴い第7戦車大隊を廃止、第71戦車連隊を新編。
１９９０年、戦車北転事業により1個戦車中隊新編
２０２３年、1個戦車中隊廃止（4個戦車中隊）。
「鉄牛」を部隊のシンボルとし、部隊マークにも用いる戦車部隊であり、北海道の戦車部隊では代表的な部隊として知られる。74式戦車を実戦部隊として最初に受領した部隊でもある。

第72戦車連隊（１９５４年〜）

74式戦車運用期間……１９７８〜１９９４年

1954年、第103特車大隊として北恵庭駐屯地において新編。

1956年、第1特車群の新編により同群に編合。

1962年、第103戦車大隊に改称。

1974年、第1戦車団の新編に伴い第103戦車大隊から第2戦車群に改称。

1981年、第1戦車団廃止および第7師団の機甲師団改編により同師団に隷属、第72戦車連隊に改編。

1990年、戦車北転事業により1個戦車中隊新編
2023年、1個戦車中隊廃止（4個戦車中隊）。

部隊シンボルは「白馬」。部隊マークにも用いられている。第71戦車連隊に続いて90式戦車を受領した部隊であり、第71戦車連隊とは切磋琢磨する間柄である。戦車射撃競技会においても例年好成績を収めている。

第73戦車連隊（1956年～）

74式戦車運用期間……1979～1999年
1956年、第104特車大隊として北恵庭駐屯地において新編、第1特車群に編合。

1962年、第104戦車大隊に改称。

1974年、第1戦車団の新編に伴い第3戦車群に改称。

1981年、第1戦車団廃止および第7師団の機甲師団改編により同師団に隷属、第73戦車連隊に

改編。

1990年、戦車北転事業により1個戦車中隊新編、南恵庭駐屯地に移駐。

2000年、師団改編により即応予備自衛官主体の部隊（コア部隊）に改編。

2014年、師団改編により常備自衛官の部隊（フル部隊）に改編。

部隊シンボルは「勝兜」。部隊マークにも用いられている。これは北恵庭駐屯地を見守る恵庭岳を背景に74式戦車をかたどった73の数字とVの字（履帯の爪）で兜を表わしたものである。

第1戦車大隊（1954～2022年）

74式戦車運用期間……1995～2022年
1954年、第1特車大隊として相馬原駐屯地において新編、習志野駐屯地へ移駐。

1959年、相馬原駐屯地へ移駐。

1962年、第1戦車大隊に改称、1個戦車中隊新編。駒門駐屯地へ移駐。

1991年、戦車北転事業により1個戦車中隊廃止。

2002年、師団改編により1個戦車中隊廃止
2022年、発展的改編により廃止。

「1」の数字を冠する「頭号戦車部隊」として長い歴史を持ち、長く首都防衛の任に就いた戦車部隊である。2022年、第1偵察隊と編合し、第1偵察戦闘大隊へと改編。

第3戦車大隊（1954年～）

74式戦車運用期間……1993～2023年

1954年、第3特車大隊として今津駐屯地において新編。

1962年、第3戦車大隊に改称。

1970年、師団改編に伴い1個戦車中隊新編。

1991年、戦車北転事業により1個戦車中隊廃止。

2006年、師団改編により1個戦車中隊廃止。

2023年、発展的改編により廃止。

赤い獅子（レッドライオン）を部隊マークとする。新編以来、今津駐屯地を離れることなく、同じく今津駐屯地に駐屯する第10戦車大隊と切磋琢磨し合う部隊であった。2023年、第3偵察隊と編合し、第3偵察戦闘大隊へと改編。

第4戦車大隊（1954～2018年）

74式戦車運用期間……1987～2018年

1954年、第4特車大隊として熊本駐屯地において新編。

1962年、第4戦車大隊に改称、1個戦車中隊新編。

1966年、玖珠駐屯地へ移駐。

1991年、戦車北転事業により1個戦車中隊廃止。

２００３年、師団改編により１個戦車中隊新編。

２０１３年、師団改編により２個戦車中隊廃止。

２０１８年、部隊の統廃合により廃止。

猛牛の角をモチーフとする部隊マークを用いた。玖珠駐屯地では第８戦車大隊と同居、切磋琢磨し合う間柄だった。勇ましい部隊マークは西部方面戦車隊に引き継がれた。


第５戦車大隊（１９５４年〜）


74式戦車運用期間……１９８３〜２００５年
１９５４年、第５特車大隊として帯広駐屯地において新編。

１９５７年、鹿追駐屯地へ移駐。

１９６２年、第５戦車大隊に改称。

１９９１年、戦車北転事業により第３１９戦車中隊新編。

２００４年、第５戦車隊に改編、第３１９戦車中隊廃止。

２０１１年、第５戦車大隊に改編。

２０２３年、第５戦車隊に改編（２個戦車中隊）。

駐屯する鹿追駐屯地にちなんで鹿の角をモチーフとした部隊マークを用いた。広大な道東を警備隊区とする第５旅団の中核として任に就く戦車部隊である。２０２３年、第５旅団の即応機動旅団化に伴い第５戦車隊に改編。

第6戦車大隊（1954〜2019年）

74式戦車運用期間……1986〜2019年

1954年、第6特車大隊として相馬原駐屯地において新編、福島駐屯地へ移駐。

1956年、大和駐屯地へ移駐。

1962年、第6戦車大隊に改称、1個戦車中隊新編。

1970年、師団改編により1個戦車中隊新編。

1991年、戦車北転事業により1個戦車中隊廃止。

1999年、1個戦車中隊新編。

2006年、師団改編により2個戦車中隊廃止。

2019年、発展的改編により廃止。

南東北の護りに就く第6師団の戦車大隊。部隊マークは大隊ナンバーの「6」と砲弾の飛翔のイメージを図案化している。2019年、第22普通科連隊の即応機動連隊改編に併せ、16式機動戦闘車を装備する機動戦闘車隊として改編した。

第8戦車大隊（1962〜2018年）

74式戦車運用期間……1988〜2018年

1962年、第8戦車大隊として北熊本駐屯地において新編。

1979年、玖珠駐屯地に移駐。

1981年、師団改編により1個戦車中隊新編。

1991年、戦車北転事業により1個戦車中隊廃止。

2005年、師団改編により1個戦車中隊新編。

2018年、部隊の統廃合により廃止。

白虎を部隊マークとした。白虎は中国の神話上の霊獣であり、天の四方の方角のうち、西を司るとされることから、西方防衛の要となるよう祈願し制定されたという。なお、この部隊マークは第42即応機動連隊機動戦闘車隊に引き継がれている。第8戦車大隊は玖珠駐屯地に駐屯し、第4戦車大隊とともに西部方面戦車隊の基盤となった。


第9戦車大隊（1962年〜）

74式戦車運用期間……1985年〜運用中（2023年現在）

1962年、第9戦車大隊として八戸駐屯地において新編。

1970年、岩手駐屯地へ移駐。

北東北の護り、第9師団の戦車大隊。部隊マークは黒馬と戦車の起動輪と数字の「9」を組み合わせたもの。「9」には大隊ナンバーと部隊マーク制定当時装備していた61式戦車が装備する90ミリ戦車砲の初弾必中・強烈正確な威力を表している。また、北東北、南部の地は古来、名馬の産地として名高く、南部駒の勇猛さをもって戦車大隊の躍進を表すものである。冷戦時代は本州防衛の最前線部隊として重要な任に就いた部隊である。

第10戦車大隊（1962年～）

74式戦車運用期間……1989年～運用中（2023年現在）

1962年、第10戦車大隊として今津駐屯地において新編。

1991年、戦車北転事業により1個戦車中隊廃止。

2004年、師団改編により2個戦車中隊新編（4個戦車中隊）。

2014年、師団改編により2個戦車中隊廃止（2個戦車中隊）。

部隊マークは上級部隊の第10師団の師団章としても用いられる黄金の鯱（シャチ）。1962年の新編以来、今津の地において第3戦車大隊とともに鍛えてきた戦車大隊である。今津駐屯地は原発が数か所存在する若狭湾にも比較的近く、第10戦車大隊は日本海方面にもその目を光らせる。

第11戦車大隊（1962年～）

74式戦車運用期間……1977～2009年

1962年、第11戦車大隊として北恵庭駐屯地において新編、真駒内駐屯地へ移駐。

1991年、戦車北転事業により第317戦車中隊、第318戦車中隊新編。

1996年、師団改編により1個戦車中隊廃止。

1999年、第318戦車中隊廃止。

2005年、第317戦車中隊廃止。

2008年、旅団化改編により1個戦車中隊廃止。

２０１４年、北恵庭駐屯地に移駐。

２０１９年、第11戦車隊に改編（2個戦車中隊）。

「士魂（しこん）」の二文字をそのまま部隊マークとして採用。大東亜戦争終戦後、占守島（しゅむしゅとう）において不法な戦闘行動を起こしたソ連軍相手に奮戦、これに大損害を与え侵攻を頓挫させ、日本の国土を守った占守島防衛部隊、その中の大日本帝国陸軍戦車第11連隊、通称「士魂戦車隊（十一を組み合わせると士となる）」の伝統を継承する誇り高き戦車大隊である。２０１９年、第11旅団の機動旅団への改編に伴い第11戦車隊に改編。

第12戦車大隊（１９６２～２００１年）

74式戦車運用期間……１９９４～２００１年
１９６２年、第12戦車大隊として相馬原駐屯地において新編。

１９９０年、戦車北転事業により1個戦車中隊廃止。

２００１年、第12戦車大隊廃止。

陸上自衛隊戦車部隊揺籃（ようらん）の地である相馬原駐屯地において新編された戦車大隊である。部隊マークは咆哮（ほうこう）する虎であり、「師団の虎の子」の意味合いをもつ。２００１年の第12師団の旅団改編に伴う部隊廃止まで関東北部の防衛に就いた。

第13戦車中隊（1962年～）

74式戦車運用期間……1995年～運用中（2023年現在）

1962年、第13戦車大隊として今津駐屯地において新編。

1965年、日本原駐屯地に移駐。

1970年、師団改編により1個戦車中隊新編。

1981年、師団改編により1個戦車中隊廃止。

1990年、戦車北転事業により1個戦車中隊廃止。

1999年、旅団化改編により第13戦車大隊から第13戦車中隊へ改編。

広大な中国地方を警備隊区とする第13旅団の戦車部隊。中隊規模ながら旅団の重要な直接火力を持つ戦力として任務に就く。部隊マークは日の丸と3本の矢を握る拳。3本の矢は戦国時代に中国地方を治めた名将、毛利元就が3人の息子に説いた「三矢の訓」に由来し、3本の矢は各戦車小隊、矢を握る拳は3個戦車小隊を統括する中隊本部を表している。

第14戦車中隊（1981年～2018年）

74式戦車運用期間……2006～2018年
1981年、第2混成団新編により第2混成団戦車隊を新編。
1990年、戦車北転事業により第2混成団戦車隊を廃止。
2006年、第14旅団への改編に伴い第14戦車中隊として日本原駐屯地において再編。

2018年、第14旅団の機動旅団化改編に伴い廃止。

新編時、陸上自衛隊最新の戦車部隊と呼ばれた戦車中隊。部隊マークは鷲と警備隊区の四国を組み合わせたもの。第14戦車中隊は第14旅団隷下の部隊ながら、駐屯は岡山県の日本原駐屯地であったため、岡山から四国を見守る意味を込めて、四国へ進出する際に通る児島半島の南端にそびえる「鷲羽山（わしゅうざん）」にちなみ鷲を部隊マークとした。

第7偵察隊（1957年〜）

74式戦車運用期間……1978〜2014年

1957年、第7混成団第7偵察中隊として名寄駐屯地において新編、真駒内駐屯地へ移駐。

1961年、第7混成団の機械化に伴い第7偵察隊に改称。

1962年、東千歳駐屯地へ移駐。

1981年、第7師団の機甲師団化に伴い強化改編。

陸上自衛隊の偵察隊で唯一、戦車を装備する第7偵察隊。「機甲偵察隊」「アーマードレコン」の呼び名もある。部隊マークは部隊ナンバーの「7」と天馬を組み合わせたものを使用している。機甲師団の偵察隊として、強力な火力と機動力をもって威力偵察などの任務も遂行できる部隊である。

参考文献

『機甲戦―用兵思想と系譜』（葛原和三、作品社、２０２１年）
『戦後日本の戦車開発史』（林磐男、光人社、２００５年）
『本当の戦車の戦い方』（木元寛明、光人社、２０１１年）
『戦車隊長―陸上自衛隊の機甲部隊を指揮する』（木元寛明、光人社、２０１２年）
『戦車の戦う技術―マッハ５の徹甲弾が飛び交う戦場で生き残る』（木元寛明、ＳＢクリエイティブ、２０１６年）
『タミヤニュース資料写真集７　陸上自衛隊74式戦車』（田宮模型）
『陸上自衛隊の戦車―鋼鉄の守護神』（潮書房、２０１１年）
『陸上自衛隊の戦車』（アルゴノート社、２０１３年）
『日本の機甲１００年』（防衛ホーム新聞社、２０１９年）
『陸上自衛隊現用戦車写真集』（浪江俊明、大日本絵画、２０１４年）
『砂漠色の自衛隊―陸上自衛隊ヤキマ派米訓練全記録』（アスキー・メディアワークス、２０１０年）
『砂漠を駆ける日本戦車―陸上自衛隊ヤキマ派米訓練写真集』（ホビージャパン、２０１５年）

おわりに

74式戦車について聞くと、現役乗員そして乗員経験者のほとんどがよい戦車だと賞賛する。何より、この本を綴った私自身が心からそう思っている。

ただ、74式戦車は制式化から今年で49年が経ち、本格的な近代化改修（わずか4両のG型はこれに相当しないと考える）も施されることなく今日まで任務に就いてきた。

いざ実戦という時、74式戦車は戦えるかという問いに、これまで私は「十分に現代戦を戦える」と答えてきた。装備品の本来の性能に加え、それを扱う乗員の練度と運用の仕方で彼我の性能差と戦力差は縮めることができると経験上知っているからだ。

だが、戦車を降りて15年、今もそうかと問われるとそれまでの自信も揺らぎつつあることに気がついた。兵器の進歩は日進月歩だ。計画が発表された際「まるでＳＦだな」と思っていた兵器が今では実用化・実戦配備され、戦闘に投入されている。

「74式戦車は現代戦を戦えるか?」

インタビューではぜひこれを聞いてみたいと考えていた。

第9戦車大隊長の工藤2佐は「負けることはない」と答え、中隊長の佐々木1尉は過去に演習で74式戦車小隊を指揮して10式戦車小隊と戦い、我の損害を出さず相手の10式戦車小隊を全車撃破というパーフェクトな結果を残した。まったく同じ条件で戦い、74式戦車小隊が2世代も上の新鋭、10式戦車小隊を全滅させたのである。

こうした話を聞くたびに、私は自分の考えが間違っていなかったことに安堵し、そして実際に74式戦車が現代戦を戦えることを証明した隊員諸官に敬意を抱かずにはいられなかった。

わが方が劣勢でも、戦術や運用を研究し練成を重ねることで戦力を向上させ、強敵を打ち負かす。スポーツなどで下位の者が上位の選手やチームを負かすことを「ジャイアントキリング」という言葉で表現することがあるが、こういったエピソードは陸海空自衛隊において過去から現在まで数多くの事例がある。

自衛隊の隊員はどのような装備品を与えられようと、その性能を最大限に発揮し、そしていかに運用すれば効果的に戦えるか、それを考え実行するという面において、世界でトップクラスの能力を持っていると私は思う。

戦後初の国産戦車である61式戦車は突出した性能を持たなかったが、それこそが真に日本の国土で戦える国産戦車、74式戦車を生み出すことにつながったのではないか。素直な操縦性、戦車砲の高い命中精度、そして姿勢制御能力。純粋に「日本の戦車」を追求したからこそ制式化から49年経った現在、2023年においても高い戦闘能力を維持している。

74式戦車は日に日にその姿を消している。74式戦車に育てられ、ともに過ごした者としてはまだ実感が湧かないが、これが現実だ。だがその一方で、残った74式戦車は今も陸上自衛隊の機甲戦力の一翼を担っているのである。

第9戦車大隊の隊舎玄関で看板とともに写真に収まる筆者。この時25歳。大隊で培った経験と人脈は退職後も大いに役立っており、大隊には今も何かとお世話になっている。今後も大隊の姿を追い続け、記録することで恩返しできればと思う。

第9戦車大隊の戦車中隊長、佐々木1尉は「脱魂するその瞬間まで別れの言葉はかけません」と力強く語った。74式戦車がその役目を終え、全車が脱魂される日は近づいている。しかし、それは今日ではない。

74式戦車は今日もあの独特のエンジン音を響かせながら、各地で力強く驀進しているのだ。

「脱魂するその瞬間まで」私も74式戦車を追い続けて行こう。それが私の使命と信じて。

最後になりましたが、本書の執筆にあたり、防衛省、陸上幕僚監部広報室、東北方面総監部広報室、第6師団司令部総務課広報班、第9師団司令部広報室、第22即応機動連隊機動戦闘車隊、第22即応機動連隊機動戦闘車隊第1係広報、第9戦車大隊、第9戦車大隊第1係など、多くの方々、部隊・部署に大変お世話になりました。この場をお借りして心からお礼を申し上げます。

伊藤 学

2023年9月

伊藤 学（いとう・まなぶ）
1979（昭和54）年生まれ。岩手県一関市出身、在住。岩手県立一関第一高等学校１年次修了後、退学し、陸上自衛隊生徒として陸上自衛隊少年工科学校（現、高等工科学校）に入校。卒業後は機甲科職種へ進み、戦車に関する各種教育を受け、第９戦車大隊（岩手県・岩手駐屯地）に配属、戦車乗員として勤務。2004年、第３次イラク復興支援群に参加。イラク・サマーワ宿営地で整備小隊火器車輌整備班員として勤務。2005年、富士学校機甲科部に転属、砲術助教として勤務。2008年、陸上自衛隊退職。最終階級は２等陸曹。現在、航空・軍事分野のカメラマン兼ライターとして活動中。著書に『陸曹が見たイラク派遣最前線―熱砂の中の90日』（並木書房、2021年）。

永遠の74式戦車
―日本が誇る傑作戦車―

2023年10月５日　印刷
2023年10月10日　発行

著　者　伊藤　学
発行者　奈須田若仁
発行所　並木書房
〒170-0002 東京都豊島区巣鴨 2-4-2-501
電話(03)6903-4366　fax(03)6903-4368
http://www.namiki-shobo.co.jp
印刷製本　モリモト印刷
ISBN978-4-89063-441-5